HISTOIRE

DES

PÊCHERIES

DANS LES DEUX MONDES,

Par M. R. THOMASSY.

(Extrait de la **REVUE CONTEMPORAINE**, liv. du 30 septembre.)

PARIS,

AUX BUREAUX DE LA REVUE CONTEMPORAINE,

FAUBOURG MONTMARTRE, NUMÉRO 13.

1852.

HISTOIRE

DES

PÊCHERIES

DANS LES DEUX MONDES,

PAR M. R. THOMASSY.

I.

La pêche, comme toutes les industries vitales, a été enseignée à l'homme par le créateur. Inutile d'en rechercher les origines; on les trouve au début de tout état social. Quand les fruits de la terre ne répondirent plus spontanément aux besoins multipliés de la famille, le père, la mère, l'enfant étendirent la main sur les eaux, et chaque coup de filet leur donna sans peine le supplément de la nourriture agricole. Les races ichtyophages paraîtraient même avoir exclusivement préféré les substances alimentaires retirées de la mer, s'il n'était plus raisonnable d'attribuer leur genre de vie à la nécessité de leur situation maritime ou fluviale. Quant aux instruments dont elles se servaient et à leurs procédés d'exploitation, il en était parfois de fort ingénieux, et on les reconnaît encore chez les peuples extrà-européens, dont la navigation insouciante et stationnaire * perd rarement de vue le littoral, vivant au jour le jour, des produits maritimes dont elle est sûre de ne jamais manquer.

Cette pêche primitive, étant plutôt un plaisir qu'une fatigue, donnait, en tous cas, bien moins de peine que la poursuite des bêtes fauves. Il

* Voir, au sujet de cette navigation barbare, le travail d'un des officiers les plus distingués de notre marine :
« *Essai sur la Construction navale des Peuples extrà-européens,* ou Collection » des navires et pirogues construits par les habitants de l'Asie, de la Malaisie, » du Grand Océan et de l'Amérique, mesurés et dessinés par M. Paris, capi- » taine de vaisseau. — In-folio. Imprimerie Nationale. »

en résulta que les peuples pêcheurs furent toujours moins sanguinaires et moins destructeurs que les tribus sauvages adonnées à la chasse. Poussées par la faim, ces dernières devinrent souvent anthropophages; et leur férocité, mêlée de paresse, contrasta toujours avec l'activité et la douceur des peuplades que l'exploitation maritime tenait dans l'abondance en les rendant forcément industrieuses.

Qu'est-ce d'ailleurs que la mer, sinon le champ que la nature ensemence, et où l'homme n'a que la peine de moissonner. La terre s'épuise à produire; la mer est inépuisable dans ses profondeurs. La terre a besoin de culture, et rend seulement au laboureur qui lui a confié la semence; la mer, au contraire, donne à tous avec profusion, et sans qu'elle ait rien reçu du pêcheur, elle le comble de ses largesses. Certains parages, voisins des côtes, peuvent sans doute s'épuiser momentanément; mais un coup de rame, un vent favorable, portent vite le pêcheur sur des fonds poissonneux qu'il s'efforcerait vainement d'appauvrir. La richesse, l'alimentation sont donc partout et toujours au fond de la mer. Il n'y a qu'à prendre, et il y a place pour toutes les nations; car l'Océan recèle de quoi nourrir cent fois les huit cent millions d'hommes qui cultivent péniblement la surface de la terre.

Ici, par exemple, un grain de froment donnera 10, 20, ou, si l'on veut, 50 pour cent au laboureur; mais, dans l'élément liquide, une seule morue porte dans ses flancs, qui le croirait, jusqu'à neuf millions d'êtres semblables à elle-même. Germes incompréhensibles, dont le nombre montre bien la destination naturelle des fonds maritimes, au point de vue de la production alimentaire et du bien-être social!

Que d'intérêts positifs et même sacrés se rattachent donc au développement de la pêche! Les denrées vitales qu'elle répand sur le marché sont la providence du pauvre. Composés de tissus rares et peu embarrassés de graisse, ces produits offrent, la plupart, une nourriture d'une facile digestion. Quant à ceux qui renferment trop de substances huileuses, en les dégageant de leur huile, et puis en les salant, on les transforme en aliment sain et à bon marché, mis à la portée des classes laborieuses, et leur permettant de varier la nourriture ordinaire comme d'atténuer les calamités d'une disette, si la terre cesse de fournir dans les jours rigoureux! Que d'interruptions, d'ailleurs, dans la culture des champs! Mais qu'il pleuve ou qu'il neige, la production maritime n'en est point interrompue. Parfois même la tempête la favorise plus que le calme. Aussi le pêcheur récolte-t-il en un mois, et parfois même en quelques jours, plus que l'agriculteur durant l'année entière : ce qui constate suffisamment l'importance productive de la mer, et permettra toujours à quelques milliers de marins de rivaliser, pour l'utilité sociale, avec les populations agricoles les plus actives et les plus nombreuses.

Malgré la supériorité des résultats, qui en fait un art *sui generis*, l'analogie des moyens d'exploitation a très bien fait surnommer la pêche l'*agriculture de la mer* *. Expression remarquable de justesse, qui nous donne la première idée de cette grande industrie.

Qu'est-ce, en effet, que le bâtiment du pêcheur, sinon une métairie ambulante, où les filets et les engins correspondent aux instruments de labourage, où le poisson remplace la récolte des céréales, où les matelots représentent le colon partiaire et le fermier? Multiplier ces fermes flottantes et leur faire utilement sillonner les flots est donc, pour le moins, aussi nécessaire à la grandeur et à la prospérité d'un pays, qu'encourager l'agriculture, le commerce, les manufactures, et tous les travaux d'intérêt public.

La pêche, d'ailleurs, n'est pas seulement l'agriculture de la mer, elle en est aussi l'exploitation industrielle; car elle a besoin d'en extraire le sel. Le sel, indispensable à la préparation des récoltes que ramène chaque coup de filet, peut seul en assurer la conservation, dès que ces produits dépassent, comme il arrive le plus souvent, les limites de la consommation quotidienne. Le poisson qui excède cette consommation serait perdu en quelques jours, presque en quelques heures; la richesse du matin deviendrait le soir un foyer de putréfaction; mais le sel est là qui prévient le mal et sauvegarde une provision recherchée par l'aisance, et de première nécessité pour les classes pauvres. Aussi la mer, qui fournit le poisson, donne-t-elle avec une abondance également providentielle l'élément qui peut le conserver. La fabrication du sel pourrait fort bien, au surplus, se passer des pêches, qui n'emploient qu'une portion assez minime de ses immenses produits; mais la réciproque ne serait point vraie, et les pêches ne sauraient jamais se développer sans l'industrie qui leur fournit l'unique élément conservateur de leurs miraculeuses récoltes.

Ainsi, la pêche se lie intimement, nécessairement à la fabrication du sel; et c'est là une autre idée qu'il faut avoir de ses conditions de progrès. Elle se rattache également, quoique par des liens moins directs, à une foule de branches industrielles qu'elle alimente de matières premières: huiles de cétacés, colle de poisson, peaux de phoques qu'elle fournit à nos manufactures; ou bien, perles, coraux, coquillages et éponges qu'elle offre au luxe et au bien-être de la vie. De là l'étendue et l'importance de l'exploitation qui nous occupe.

* Expression de Noël (de la Morinière). Voir le premier et malheureusement le seul volume que cet inspecteur de la navigation, sous la vieille monarchie, a publié *sur les Pêches anciennes et modernes dans les mers et les fleuves des deux continents*. Paris, imprimerie Royale. 1815. Inutile aussi de rappeler l'ouvrage classique et si connu de Duhamel du Monceau : *Traité général des pêches*, 4 vol. in-f°, dont la publication, commencée en 1769, fut terminée en 1782.

Bien entendu, maintenant, que nous n'avons pas à traiter ici de l'histoire naturelle des poissons *, ni à rappeler que les cétacées comprennent les baleines noires et blanches, que ces dernières sont les terribles cachalots, et que les phoques, les morses ou les lamentins constituent une famille d'amphibies dont les diverses tribus sont très-distinctes.

Ce que nous demandons à notre sujet, c'est d'abord l'utilité progressive d'une grande industrie inépuisable en denrées alimentaires et tenant, à ce titre, aux entrailles même des questions sociales. C'est, en second lieu, un élément de force, de jeunesse et de grandeur, dû à une race héroïque dont on ne saurait trop honorer les traditions; race d'hommes endurcis à toutes les fatigues, éprouvés par tous les périls, passés maîtres dans l'art des ressources, et travaillant dans la tempête avec la même assurance que nous nous abandonnons au repos sur la terre ferme.

Que sont, en effet, les labeurs de la pêche, sinon tout à la fois l'industrie et l'agriculture de la mer, c'est-à-dire la plus vaste et la plus variée, la plus noble et la plus féconde des exploitations, celle dont la grandeur n'a d'égale que la simplicité de ses moyens, mais dont le théâtre, exposant parfois à des dangers et des fatigues inouis, défie la paresse et la lâcheté, stimule le courage, l'énergie, la prévoyance, et donne des proportions inconnues à toutes les facultés humaines? Qu'est-ce que l'homme des champs à côté du pêcheur, et le soldat à côté du marin? Pour l'énergie morale, pour la persévérance, pour l'esprit d'expédient devant l'imprévu, y a-t-il une comparaison quelconque? Honneur donc aux cultivateurs de nos parages maritimes! Je les ai vus à l'œuvre; j'ai revêtu leur costume et vécu de leur vie, je me suis identifié à toutes leurs pensées; et me retrempant avec eux, dans les pures émotions de leur patriotisme, j'ai repris l'espoir de voir la France relever le pavillon de Louis XIV et régner encore sur les mers.

Nous dirons comment ces pêcheurs ont été les premiers fondateurs de notre ancienne puissance navale; mais signalons dès à présent, dans les armateurs de la grande pêche, les plus intrépides croisés de la science, les rudes pionniers de l'hydrographie et de l'histoire naturelle, dont ils jalonnent la route jusque sous les glaces du pôle! C'est en pourchassant les cétacées jusque dans ces hautes latitudes, et rendant compte de leurs audacieuses entreprises, qu'ils ont donné l'éveil aux reconnaissances scientifiques et aux explorations des officiers spéciaux. Avant les voyages de Scoresby, en 1820, on savait qu'un ba-

* Voir, pour ce point de vue scientifique, *l'Histoire naturelle des poissons*, en 22 volumes in-4°, par MM. Cuvier et Valenciennes. — Paris, 1828.

leinier de Hambourg avait atteint le 83e degré de latitude boréale, et c'est sur ce renseignement que l'amirauté anglaise envoya le capitaine Parry tenter encore une fois les approches du pôle arctique. Un de nos baleiniers, Gaiton, de Tréport, a donné son nom à un des parages de la mer Glaciale ; et c'est avec des matelots de son expédition que le gouvernement français arma plus tard l'expédition confiée au brave et malheureux Blosseville.

C'est encore sur les traces du baleinier Weddel qu'un de nos grands navigateurs, Dumont-d'Urville, s'élança vers les régions antarctiques, dans une nouvelle carrière de dangers et de gloire. Le capitaine James Ross suivit de préférence des indications de Biscoe, et plus heureux il découvrit la *Terre Victoria*, vers le 75e degré de latitude sud.

Les Américains, comme les Anglais, rivalisent, du reste, à qui pénétrera le plus avant dans les latitudes polaires, et ils s'y ruent avec tant d'âpreté sur la pêche des phoques, aux îles New-South-Shetland, par exemple, qu'après avoir trouvé des plages littéralement couvertes de ces amphibies, ils y ont en quelques années presque anéanti leur espèce. On conçoit qu'avec cet acharnement au gain, les intérêts de la science ne soient que très secondaires. Les pêcheurs ne sont pas, d'ailleurs, appelés à devenir membres de l'Institut ; mais, explorateurs des parties les moins fréquentées des deux hémisphères, ils sont les avant-coureurs des découvertes à faire dans ces hautes régions : heureux, quand leur expérience pratique vient ensuite assurer la marche de la géographie et les reconnaissances confiées à de plus savants qu'eux.

C'est ainsi qu'au point de vue de la science, avide de conquérir l'unité du globe, l'industrie des pêches n'est pas moins digne d'étude, que par rapport aux substances alimentaires dont elle enrichit les classes laborieuses, ou aux forces navales dont elle arme les grandes nations. Intéressante à tant d'égards, tâchons de la rendre également populaire et honorée ; et, sur le respect de ses traditions, fondons la puissance de son avenir.

II.

Considérée d'abord en elle-même, comme production directe de denrées vitales, la pêche a toujours été mise au rang des grands intérêts publics. Pour encourager cette féconde industrie, les anciens Romains avaient institué la fête des pêcheurs, *ludi piscatori* *, et ils gravaient la figure des poissons sur les médailles des cités que la pêche avait rendues florissantes. Ils avaient d'ailleurs inventé la *pisciculture*, ou l'art de multiplier et renouveler l'espèce aquatique par

* Voir Schaefferus : *De Militiâ navali*, 45.

des fécondations artificielles. Cet art, qu'il s'agit de restaurer chez nous *, et qui se conserve encore en Italie, dans les *valli* de Comacchio et de Venise **, avait été poussé à son dernier degré de perfection, ou plutôt de raffinement. On recueillait les œufs de femelles dans les viviers, dans les fleuves ou canaux intérieurs, et l'on obtenait une innombrable quantité de carpes, d'anguilles, de raies, de truites, de saumons. La *domestication* du poisson avait acquis l'importance de l'élève des bestiaux, et le frai dont on ensemençait les piscines les rendait aussi productives que les champs couverts des plus gras pâturages.

Cette pisciculture n'avait pourtant rien de comparable à la grande exploitation qui occupait des flottes entières, et donnait lieu à des établissements renommés dans tout l'ancien Monde.

N'est-ce pas encore par et pour la pêche qu'avaient été fondées, bien avant les Romains, plusieurs des colonies grecques et phéniciennes? Bysance, entr'autres, lui avait dû d'être appelée la *Mère des Poissons*, et son port celui de *Corne d'Or*, à cause des riches produits de cette industrie.

Magala et plusieurs autres villes d'Espagne, situées près du détroit de Gadès, avaient également trouvé leur opulence dans la pêche et la salaison du thon. Elles exportaient toutes sortes de poissons salés, et il serait impossible de se figurer l'immense tribut que les pêcheries espagnoles et celles de la Mauritanie Tingitane fournissaient alors au commerce de l'empire romain.

Ce qui avait eu lieu dans l'antiquité payenne se renouvela au moyen-âge. Le golfe Adriatique vit d'abord Venise surgir au-dessus de ses lagunes, et d'innombrables pêcheurs s'élancer de tous les points de ses rivages. Les îles de la Dalmatie et les bouches du Pô y sont encore d'inépuisables rendez-vous de pêche. Cette industrie maritime dut, au surplus, satisfaire aux nouvelles prescriptions chrétiennes du maigre et de l'abstinence ; et de là tout un autre développement sous le patronage religieux des pêcheurs de la Judée, devenus les apôtres du Christ.

La pêche fournissait alors la plus nécessaire et la plus économique des denrées ; et, pour comprendre l'étendue de cette production, il faut se rappeler les convois de poissons salés dont les armées s'approvisionnaient pendant le Carême. Cette fourniture était encore plus considérable pour les établissements si nombreux de prière et de charité. « Saint Louis, par exemple, en Carême, distribuait annuel-

* Voir le Rapport de M. Coste, *Sur les moyens de repeupler toutes les eaux de la France*, et la mission dont il a été chargé à cet effet par M. le ministre de l'intérieur.

** Voir, à ce propos :
« Notice sur la Pêche des Étangs de Comacchio et sur les procédés suivis » dans la préparation du Poisson ». (*Annales maritimes*, 1835, t. 58, partie 2e, p. 525).

» lement, de son trésor privé, soixante-huit mille harengs aux pauvres » monastères, Maisons-Dieu et léproseries de son royaume » *.

Or, que résulta-t-il pour la France d'une telle consommation de poisson? Les villes d'où s'importait cette denrée : Gravelines, Dunkerque, Dieppe, le Havre même, plus tard agrandi par François Ier, mais déjà fondé par des pêcheurs, leur durent bientôt une importance, non-seulement commerciale, mais politique. Enrichies de tous les produits de la mer, ces villes assurèrent à notre ancienne monarchie une puissance navale qu'elle ne retrouva, plus tard, sous Louis XIV, que par la restauration complète de l'économie maritime.

Nous apprécierons cette restauration à jamais mémorable. Rappelons, dès à présent, qu'au moyen-âge la pêche du hareng était si active, à l'entrée de la mer Baltique, qu'elle y avait fait construire la ville de Copenhague, En 1124, on pêchait le hareng en si grande abondance, sur les côtes de la Poméranie, qu'on y donnait, pour *un sou et un quart*, une voiture de poisson. Cette même pêche devint ensuite une des principales richesses de la Ligue Anséatique, et, après elle, de la Hollande; Amsterdam, en particulier, lui dut le fondement de sa puissance. On l'appelait alors la *Grande Pêche*, à cause de la multitude de marins occupés à cette industrie: tandis que ce nom n'a, depuis, été donné qu'aux pêches de la baleine, du cachalot et de la morue, à cause de l'importance de leurs armements et des matelots dont elles sont devenues la glorieuse et rude école.

A partir des quinzième et seizième siècles, l'économie maritime marche à pas de géant, et, par la découverte du Nouveau-Monde, elle aspire à la possession du globe. Les armateurs des mers du Nord gagnent les côtes orientales de l'Amérique, et la pêche s'étend jusque dans l'Océan du Sud. L'Espagne et le Portugal préludaient également à leur puissance navale par des pêcheries fondées à Madère, aux Canaries, aux îles du Cap-Vert. Le banc de Terre-Neuve était connu; et pourtant, trente-neuf ans après la reconnaissance qu'en avait faite Sébastien Cabot, en 1497, le voyageur Horn manqua y périr de disette avec son équipage, quand le poisson tourbillonnait et pullulait autour de lui. Mais la fécondité de ces parages une fois signalée, tous les pêcheurs de morue viennent y prendre part, et l'opinion s'établit déjà qu'il faut pour s'enrichir franchir l'Océan Atlantique. La pêche de la baleine et celle des phoques participent aux mêmes développements. De branches inférieures qu'elles étaient dans l'histoire de l'industrie, elles en deviennent rapidement les rameaux les plus productifs, en attendant d'être comptées par les nations maritimes au rang de leurs plus grands intérêts publics.

* Pièce manuscrite de la Bibliothèque Nationale. Fond. Harlay, n° 101, tome 3, pièce 86.

L'histoire des pêches sort aussitôt des curiosités scientifiques et rentre dans le cadre des réalités industrielles et sociales. De nouvelles substances alimentaires sont arrachées à la mer, qui s'en montre prodigue aussi bien que d'une foule de matières premières indispensables aux progrès des arts et métiers. L'économie maritime est créée; l'agriculture de la mer va désormais se faire en grand, et n'aura d'autres limites que celle des eaux du globe.

La Hollande, comme autrefois Venise, sort déjà des eaux qui l'entourent, et, le filet sur l'épaule, s'élance dans la barque du pêcheur. Elle devient la république *dominante* de l'Océan, et renouvelle dans les mers du Nord les prodiges de la reine de l'Adriatique. Vers 1582, elle occupait chaque année, à la seule pêche du hareng, plus de vingt mille bateaux de vingt à trente tonneaux de charge; et en 1610, elle envoyait sur les côtes d'Angleterre trois mille bâtiments, escortés de neuf vaisseaux de guerre et montés par cinquante mille pêcheurs. Elle comptait en outre neuf mille autres batiments, avec cent cinquante mille hommes, pour aller et venir, porter les munitions, particulièrement du sel, faire ensuite le retour, et débiter le poisson à tous les consommateurs de l'Europe. Quels merveilleux effets d'un travail, sûr de trouver sa récompense dans les profondeurs de la mer!

C'était le temps où Sully, trop oublieux de l'économie maritime, considérait *le labourage et le pasturage* comme les deux seules *mamelles nourricières de l'état*. Mais les Hollandais, qui en avaient une troisième plus féconde, « se vantaient de gagnier davantage et avec plus d'hon- » neur, en labourant la mer de la quille de leurs vaisseaux, que ne » faisaient les Français en labourant et cultivant leurs terres. » *.

Cette confiance rendit la Hollande maîtresse des mers du Nord et des marchés de l'Europe. Richelieu et Mazarin comprirent bientôt le secret de cette puissance, et, eux aussi, préludèrent par des encouragements donnés à nos pêcheurs, à la restauration maritime que Louis XIV devait rendre si glorieuse.

Mais ce n'est pas tout. Les Hollandais prétendaient interdire la pêche de la baleine aux Français, qui la leur avaient enseignée. On sait, en effet, que nos Basques furent les premiers à harponner les cétacées, et à les poursuivre du golfe de Gascogne jusque dans les mers du Groënland.

Dès les treizième et quatorzième siècles, ils se livrèrent avec succès à cette périlleuse industrie, et y employèrent plus de neuf mille marins. Le port de Saint-Jean-de-Luz ne compta pas moins de cinquante à soixante navires baleiniers jusqu'en 1636, époque où les Espagnols

* Manuscrit intitulé : *Avis très important pour le rétablissement du Commerce et Navigation de la France.* (Bibliothèque Nationale, fonds Versailles, n° 203, paragraphes 14 et 22).

s'emparèrent de cette place. Quatorze bâtiments arrivaient alors du Groënland, chargés d'huile de baleine. Ils tombèrent aux mains de l'ennemi ; et cet événement, anéantissant la marine basque, nous priva de l'industrie qui l'avait fait prospérer.

Les Hollandais, informés pourtant des avantages de ces expéditions, s'empressèrent d'attirer chez eux nos harponneurs. Ceux-ci leur communiquèrent en peu d'années tous les secrets de cette pêche dangereuse autant que lucrative. Eh bien ! c'est en reconnaissance de cette communication, qu'à la suite de nos guerres religieuses, l'égoïsme de la Hollande s'efforçait de dégoûter nos marins des riches pêches du Nord. « Ils ne veulent pas souffrir, disait un Mémoire inédit adressé à Louis XIII, » qu'ils fassent la pesche ni fondent la graisse des baleines à l'île de » Groënland : ce qui les contraint de la faire en pleine mer, avec grand » péril de se perdre ou brûler, comme il arrive bien souvent. En quoi » lesdits Hollandais paraissent d'autant plus ingrats que ce sont les » Français qui leur ont appris à faire cette pesche ».

Ajoutons que, d'après de Witte, cette industrie, et surtout celle du hareng, faisait vivre, au dix-septième siècle, 450,000 personnes de la Hollande, c'est-à-dire, plus du cinquième de la population. Exemple mémorable de ce que peut l'économie maritime ! Et de là une gloire sans pareille : ce petit peuple de pêcheurs, élevé avec d'aussi pauvres ressources au premier rang des puissances navales, put lutter un jour avec succès contre les flottes combinées de la France et de l'Angleterre.

A quoi tenait pourtant cette suprématie des mers, contre-poids victorieux des influences continentales? C'est ce qu'il faut dire et sans plus tarder. Eh bien ! elle tenait à un rien, à un détail que n'apprécieront jamais des esprits superficiels ; elle tenait à de simples procédés de pêche, à une meilleure préparation des produits maritimes, à l'art économique et perfectionné d'*encaquer* le hareng, en ne le soumettant à l'action du sel qu'après lui avoir enlevé les branchies et les intestins. Une qualité supérieure de poisson, obtenue ainsi et à moins de frais, avait éloigné toute concurrence, maîtrisé tous les marchés ; et la simple amélioration d'une denrée devenue indispensable, rendant tous les consommateurs européens tributaires des Hollandais, avait peu à peu changé le commerce de ces pêcheurs en une sorte de domination universelle. Effet remarquable de l'industrie humaine, dont un procédé vulgaire porte souvent les moindres commencements au faîte de la grandeur la plus inattendue.

Pour honorer dignement l'inventeur de ces modestes procédés, il ne fallait pas non plus un homme ordinaire ; il fallait un Charles-Quint, dont l'esprit élevé comprenait que les plus petits moyens indéfiniment épétés engendrent les plus grands résultats, et que toute amélioration appliquée à une denrée de consommation universelle et quotidienne devait réagir sur le bien-être de populations immenses. Aussi cet empereur rendit-il un éclatant hommage à la mémoire de Guillaume Beuckels, qui avait su perfectionner la pêche par l'art de mieux saler et *encaquer* le hareng; et en août 1536, il crut s'honorer lui-même, en visitant, à Biervliet, avec toute sa cour, le tombeau de ce simple pêcheur qui avait porté si haut la prospérité de son pays.

III.

Ce que le travail libre, patient et avare autant qu'infatigable avait seul fait en Hollande, le génie de Colbert et de Louis XIV le produisit à son tour pour la France. Qui ne connaît la célèbre ordonnance de la marine de 1681 et le livre cinquième qui traite de l'industrie des pêches et de l'économie de la mer? Mais ce que l'on ignore davantage et ce que l'on semble même ignorer tout à fait, c'est l'éloge accordé à ce code immortel par les Anglais même, contemporains de Louis XIV, et par son traducteur qui le publia à Londres, sous le règne de la reine Anne.

« Les succès surprenants des Français dans la navigation, à laquelle » même en ces derniers temps ils étaient entièrement étrangers, sont » dus principalement aux excellentes lois qui ont été récemment éta- » blies dans leur royaume.

» Le gouvernement trouvant, en effet, que le seul moyen d'avoir » une puissance navale était d'encourager le commerce libre et la na- » vigation marchande, rien ne fut omis de ce qui pouvait servir les » entreprises des particuliers. De là, le prodigieux accroissement des » forces maritimes françaises durant ces cinquante dernières années...

» J'espère, ajoute le traducteur anglais, qu'aucun homme de sens » ne trouvera mauvais ce que je dis des lois et constitutions navales » de la France, comme s'il semblait par là que j'aie pour les lois de » l'Angleterre moins de respect que je ne dois en avoir. Quoique les » Français soient nos ennemis, nous ne serons pas sans doute assez » ennemis de nous-mêmes pour rejeter l'usage de bonnes lois, par la » seule raison qu'ils les ont appliquées chez eux et les maintiennent » en pleine vigueur. Quelle que soit notre conduite, je puis vous as- » surer qu'ils n'ont pas repoussé de bonnes lois pratiquées dans de » mauvais gouvernements. Bien au contraire : au sujet du commerce, » ils ont consulté, sans exception, les lois et statuts en usage dans » toutes les places de l'Europe; et c'est en en retranchant les dispositions » superflues ou nuisibles, c'est en les complétant d'un autre côté par » des règlements à eux propres sur chaque matière, qu'ils ont rédigé

» le système de lois le plus accompli pour le commerce et la navigation, que l'Europe ait jamais vu. *The most accomplish'd system of laws for trade and navigation, that ever Europe saw*. Et il n'y aura » certes pas le moindre déshonneur pour nous, termine le traducteur, » à suivre leur exemple, puisque tout le monde reconnaît le bon sens » de cette ancienne maxime : *Fas est et ab hoste doceri* *.

C'est grâce à ce code plein de sagesse, que la pêche côtière fut aménagée avec une prévoyance dont nous recueillons encore les fruits. Les fonds maritimes furent considérés comme un patrimoine national dont chaque pêcheur devait user en bon père de famille; car si la mer lui payait toutes ses fatigues avec usure, c'était à condition de ne point détruire à plaisir les germes qu'elle récélait dans son sein. De là l'interdiction d'y troubler les bas fonds, pendant les mois où les poissons déposent leurs frais, afin de laisser les espèces stationnaires s'y multiplier en paix. De là également la prohibition des filets à mailles trop serrées, inutiles destructeurs des poissons qui viennent de naître.

Quant à la classe des poissons voyageurs, harengs, sardines ou macquereaux, arrivant par légions, se pressant par myriades sur les côtes de France, et qui seraient perdus sans retour, s'ils n'étaient pris au premier passage, l'intérêt public autant que privé, l'intérêt simultané des pêcheurs et des consommateurs, est évidemment d'en prendre le plus possible et par toutes sortes de moyens. Ces pêches inépuisables suppléent à la rareté des productions du sol, à l'insuffisance de l'agriculture; elles sont capables de remédier à une disette inattendue; et dans l'incertitude des récoltes de la terre, la philanthropie aussi bien que la politique devrait de plus en plus ramener les populations vers cette exploitation incessante et constamment assurée de la mer.

Telle fut l'utile pensée, et certes ce n'était pas la seule, de *l'ordonnance de* 1681. Cet incomparable monument du droit maritime, signalait l'avénement de la France à la domination des mers, et montrait qu'une bonne police des pêches côtières, réglant les droits et les devoirs des pêcheurs, n'importait pas moins à Louis XIV que la police rurale ou celle de l'intérieur de son royaume.

C'était aussi l'époque où la France était sans rivales pour les lointaines pêches de la baleine, du cachalot et de la morue. Elle possédait les meilleures pêcheries du monde : L'Acadie, le Canada, l'île Royale, l'île de Saint-Jean, enfin celle de Terre-Neuve; et dans la décadence de la marine et du commerce des Hollandais, nous fournis-

* Voir : *Of the maritime laws and ordinances of France, with some notes and remarks upon them.*

Cette traduction anglaise se trouve dans un recueil intitulé : *A general treatise of the dominion of the sea and a complete body of the sea laws.*

sions alors presque seuls aux besoins de l'Europe et de nos puissantes colonies. En un mot, la politique du grand roi fut avant tout maritime, tant elle fut nouvelle sous ce rapport, hardie et prudente à la fois, et glorieuse autant que persévérante *.

N'est-ce pas en effet la marine, plus que les armées de terre, et les pêcheurs plus que les soldats, qui relevèrent la fortune de la France sous les dernières années du grand règne? Ceux qui, sous la conduite de Dugay-Trouin, prenaient Rio-Janeiro, ou qui aux ordres de Jean Bart avaient capturé dans la Manche tant de navires marchands d'Amsterdam ou de Londres, ceux-là décidèrent vraiment l'Angleterre, et bientôt après la Hollande, à reconnaître le trône d'Espagne dans les mains d'un petit-fils de Louis XIV; ceux-là firent consentir à la pacification d'Utrecht.

Il fallut toutefois partager avec l'Angleterre le théâtre des grandes pêches et lui céder Terre-Neuve, en se réservant le cap Breton. Or, ce partage devint bientôt sous Louis XV le principe de notre décadence maritime. La nouvelle Écosse, cédée aussi par le traité d'Utrecht, de vaste désert qu'elle était alors, devenait un des plus importants rendez-vous pour les pêcheurs de morue; et comme la France y exerçait cette industrie concurremment avec l'Angleterre, la rivalité et les jalousies qui en résultèrent, donnèrent vite lieu à de nouvelles querelles. La France conservait pourtant le Canada dont les fleuves et les rivages lui assuraient encore la prépondérance de l'Amérique du nord; mais en 1763 quand elle eut perdu cette colonie, avec le cap Breton, quand les possessions anglaises s'étendirent du Mississipi au fleuve St-Laurent, les pêcheurs français n'ayant plus alors que les petits îlots de Saint-Pierre et Miquelon, c'est-à-dire deux rochers stériles et sans ressource, ne purent recueillir qu'une misérable part des riches produits de Terre-Neuve. Ils n'avaient d'ailleurs droit d'y pêcher que le long des côtes, sur des points et à des distances déterminées.

Le nord de l'île ne leur était sans doute pas interdit, mais ne pou-

* N'oublions pas à ce propos comment Louis XIV organisait, à côté des pêches, nos colonies, et fortifiait nos îles d'Amérique en y faisant porter des engagés et des armes par les bâtiments du commerce. En 1698, par exemple, il ordonne d'y transporter de deux à quatre engagés par voyage, selon le tonnage du vaisseau. En 1703, il enjoint à chaque capitaine d'y porter six fusils boucanniers pour être distribués aux compagnies de milice, c'est-à-dire aux gardes nationales d'alors. Enfin en 1714, il renouvelle pour le Canada, et avec des conditions plus expresses, l'ordonnance de 1698, ajoutant que chaque engagé, sachant un métier, serait compté pour deux, « en considération de l'utilité qu'ils peuvent apporter à la colonie et du besoin qu'elle en a. »

Ainsi furent peuplées nos Antilles et en dernier lieu le Canada, cette nouvelle France si digne de son ancien nom par le nombre de ses habitants parlant encore la langue de la mère-patrie.

vant s'y établir que quelques mois durant, sans construire aucune habitation fixe, obligés par conséquent d'y transporter avec eux chaque année, le sel, les ustensiles de pêche, les matériaux pour s'abriter, enfin tout le personnel nécessaire pour les opérations de chaque campagne, pouvaient-ils rivaliser avec les Anglais, maîtres de la côte méridionale, où de nombreux établissements permanents, favorisés par la douceur du climat et la fertilité du sol, leur assuraient la domination exclusive des meilleures pêcheries? Riche de tant de produits et forte de cette école où se formaient ses nombreux matelots, comment l'Angleterre n'aurait-elle pas acquis de son côté la prépondérance des mers?

La guerre de l'indépendance américaine, en créant une troisième puissance intéressée aux grandes pêcheries de Terre-Neuve, fut le seul espoir de rétablir un jour l'équilibre des forces maritimes. La France de Louis XVI poursuivit ce but avec un élan chevaleresque qui suffirait à sa gloire; négligeant les profits les plus légitimes de sa coopération, elle se contenta de posséder à Terre-Neuve les pauvres îlots de Saint-Pierre et Miquelon et ne sut aucunement y améliorer la condition de ses pêches. Les lettrés qui dirigeaient alors l'opinion et faisaient l'éducation publique avec de pures théories, étaient-ils en effet capables de rien comprendre à la nécessité de multiplier nos matelots, et de leur élargir le champ de pratique et d'expérience où se préparent les meilleurs éléments de notre marine? Louis XVI, au moins, n'eut pas le même reproche à se faire; et s'il fut le plus honnête homme de son temps, il en était aussi le plus sensé, quand il dirigeait tous ses goûts personnels vers la géographie, et la politique de la France vers des expéditions lointaines, vers des entreprises de pêches capables de remplacer nos colonies perdues.

Ce prince qu'on n'a guère considéré qu'avec des préventions révolutionnaires, eut tous les vrais instincts de notre grandeur nationale. Il nous vengea des honteux revers du règne de Louis XV; et restituant au système colonial son ancienne faveur, il assura notre influence sur les destinées du monde, destinées qui depuis l'indépendance des Etats-Unis ne devaient plus dépendre uniquement de la vieille Europe, mais bien encore de l'Amérique et surtout de l'empire des mers.

C'était aussi une ère nouvelle pour les expéditions maritimes que la science semblait vouloir diriger elle-même vers un but d'utilité commerciale. Ces campagnes de découvertes eurent, par exemple, toujours en vue l'étude des parages propres aux grandes pêches. Dans les instructions données par Louis XVI à La Pérouse, on trouve écrit à la marge, de la main du roi, que « l'île Georgia et l'Ile Grande sont les points les plus importants à visiter après avoir passé la

Ligne, à cause de la pêche de la baleine. » Le même projet de voyage se termine par la note suivante :

« *De la main du roi.* »

» Pour résumer ce qui est proposé dans ce mémoire, et les obser-
» vations que j'ai faites, il y a deux parties : celle du commerce et
» celle des reconnaissances.

» Pour la première des deux, deux points principaux : la pêche de
» la baleine, dans l'Océan méridional, entre le sud de l'Amérique et
» le cap de Bonne-Espérance ; l'autre est la traite des pelleteries dans
» le nord-ouest de l'Amérique, pour être transportées en Chine, et si
» on peut, au Japon.

» Quant à la partie des reconnaissances, les points principaux sont
» ceux de la partie du nord-ouest de l'Amérique, qui concourt avec la
» partie commerciale ; celui des mers du Japon qui y concourt aussi...
» Tous les autres points doivent être subordonnés à ceux-là, et l'on
» doit se restreindre à ce qui est le plus utile et ce qui peut s'exécuter
» à l'aise dans les trois années proposées *. »

Tel était le plan de campagne du prochain voyage autour du monde, dressé l'année même où Louis XVI avait fait armer à Dunkerque six navires baleiniers pour les mers du nord. L'énergie de nos pêcheurs répondit par le succès le plus complet, au bon sens pratique de l'héritier de Louis XIV, et déjà, en 1790, la France comptait quarante armateurs de plus. C'était aussi l'époque où les princes du sang s'intéressaient à l'envi, comme la haute noblesse, à la prospérité de notre marine, et faisaient concourir tous les progrès de la science au développement du bien-être matériel des matelots.

Le duc de Penthièvre, grand-amiral de France, faisait alors venir d'Irlande des semis de pomme de terre, pour en introduire la culture dans nos provinces maritimes du Nord, dans le but spécial de procurer un aliment facile et abondant aux pauvres pêcheurs. Il commença, vers 1785, à faire cultiver, sur les côtes de Normandie, le précieux tubercule que Walter Raleigh, dit-on, sous le règne d'Elisabeth, avait apporté de Virginie en Angleterre, et qui n'était guère employé chez nous qu'à la nourriture des pourceaux. Quant à Louis XVI, on sait comment il consacra par son suffrage l'expérience que Parmentier avait faite aux environs de Paris sur la pomme de terre : il en cueillit une fleur, et, se décorant d'un bouquet de la plante réhabilitée, il en fit le digne symbole de sa modeste et solide bienfaisance.

Voilà comment agissaient les vrais amis du pays, à l'approche des Etats-généraux de 1789. Ajoutons à ce propos, que, dès 1784, Louis XVI,

* *Projet d'une campagne de découvertes, du* 15 *février* 1785, page 18. Manuscrit de la Bibliothèque Mazarine.

dont on ne saurait trop honorer les connaissances géographiques, avait donné l'ordre de construire un globe destiné à constater l'état des découvertes faites en géographie positive jusqu'à l'époque de son règne. Et il comptait bien les compléter par celles qu'il attendait du brave La Pérouse ! Mais la cruelle fortune se joua de tous ses projets : l'explorateur périt sur un écueil ignoré, et son royal protecteur sur un échafaud !!!

IV.

Le bouleversement social produit par la Révolution française fut la ruine de notre puissance maritime et coloniale. Privées de toute protection, nos grandes pêches disparurent de la carte du globe, et, avec elles, l'école où se formaient auparavant nos meilleurs marins. Les substances alimentaires fournies en si grande abondance par la mer, venant alors à manquer, ne contribuèrent que trop, par leur rareté, aux disettes et à la famine qui désolèrent notre malheureux pays. Mais l'industrie qui nous occupe se naturalisait dans le Nouveau-Monde; elle marchait à pas de géant dans l'Amérique du Nord, et c'est de ce poste qu'il faut l'étudier jusqu'au retour de la paix, en 1814. Son domaine se partage, dès-lors, entre l'Angleterre et les Etats-Unis.

L'économiste de cette nouvelle puissance, Franklin, avait déjà dit : « Tout homme qui pêche un poisson tire de la mer une pièce de mon- » naie ». C'est à ce titre surtout que les Américains naissent tous pêcheurs, et, non-seulement, comprennent l'importance de cette industrie maritime, mais la considèrent comme de droit imprescriptible et naturel. De là une des causes de la guerre de l'Indépendance, quand la métropole voulut leur interdire l'exercice de ce droit. Les colons du Massachussets, du Connecticut et du Maine, qui pêchaient auparavant sur les côtes de Terre-Neuve, de la Nouvelle-Ecosse et du Saint-Laurent, protestèrent et furent des premiers qui en appelèrent aux armes.

De là, plus tard, l'incessante activité des Américains déployée dans les grandes pêches. Celle de la baleine et du cachalot, circonscrite encore dans les mers polaires du Groënland, aux Malouines et à l'île *Georgia,* doubla le Cap Horn, et fut inaugurée dans l'Océan Pacifique sur les côtes du Chili et du Pérou, dans la Polynésie, et depuis le Japon

* Ce globe se voit aujourd'hui à la Bibliothèque Mazarine; digne pendant, quoique en de moindres proportions, du globe terrestre de Coronelli, conservé à la Bibliothèque Nationale. Celui-ci appartient au dix-septieme siècle, et témoigne des progrès de la géographie sous le règne de Louis XIV : l'autre réunit tous les résultats acquis depuis lors, et résume les découvertes positives des dix-neuf voyages déjà faits autour du Monde, et que celui de La Pérouse devait compléter. Voir à ce sujet l'*Introduction à la Description du Globe terrestre exécuté par ordre du Roi.* Ms. in-4°, page 22 (Bibliothèque Mazarine).

jusqu'à la Nouvelle-Hollande. La même pêche doubla le cap de Bonne-Espérance, et, après avoir réussi dans les eaux des îles Seychelles, elle visita les baies de la côte orientale d'Afrique, parcourut l'Océan indien, et fit enfin le tour du monde en explorant toutes les mers du Sud.

Un de ces intrépides baleiniers fut l'armateur Enderby, qui, après la guerre de l'indépendance américaine, vint s'établir en Angleterre, où son fils se maintient encore à la tête des grandes pêcheries britanniques. Or, celui-ci, en juge compétent, et tout en s'efforçant de restaurer la pêche de la baleine chez ses compatriotes, va maintenant nous en révéler la décadence :

« La ruine de la pêche britannique dans les mers du Sud est un fait » acquis, écrivait-il de Londres, le 31 octobre 1846. La possibilité de » relever cette industrie est seule mise en question. Quant à l'utilité, il » ne peut exister aucun doute, si l'on considère l'extension que l'ex- » ploitation baleinière peut recevoir en Angleterre, et en voyant le » degré de prospérité inouie où l'ont portée les Américains, qui n'y » emploient pas moins de 730 navires et de 20,000 marins. Quand on » pense à tous les avantages commerciaux, industriels, politiques et » scientifiques qui en découlent, et à la simplicité des moyens par les- » quels tous ces résultats sont obtenus, il n'y a pas un bon citoyen, un » citoyen éclairé qui ne doive gémir sur l'état d'abandon où nous » avons laissé, depuis quelques années, cette source de richesses, » et personne qui ne comprenne la nécessité de réparer au plus tôt, » à cet égard, notre négligence actuelle. . . . .

» De l'année 1775 jusqu'en 1844, le nombre total des navires armés » en Angleterre, pour la pêche de la baleine dans les mers du Sud, a » été de 861, et ces navires ont effectué 2,163 voyages. En estimant les » frais moyens de premier armement de chaque navire baleinier, y » compris l'assurance, à 8,000 liv. sterl., et ceux de leurs réarmements » successifs à 5,000 liv. sterl., le capital engagé dans la spéculation » baleinière, en Angleterre, aurait été, pendant cette période, de » 13,348,800 liv. sterl. (333,700,000 francs).

» Pendant le même temps, le nombre des baleiniers perdus a été de » 130 ; celui des baleiniers capturés en guerre de 87, et celui des ba- » leiniers condamnés de 37.

» Il y a donc à déduire, de 861 baleiniers primitivement armés, » 254 navires qui ont été enlevés à ce genre de navigation par cause de » force majeure. Mais ce n'est pas tout : un si grand nombre d'autres » en ont été retirés volontairement, depuis lors, pour une destination » différente, que le nombre des baleiniers actuellement employés à la » pêche du Sud est tombé à 36.

» Ainsi, pour une cause ou pour une autre, l'industrie baleinière » s'est vu enlever, depuis sa création, 825 navires, qui, au taux ci-

» dessus mentionné de 8,000 liv. sterl. par navire armé, correspon-
» dent à une perte de 6,600,000 liv. sterl. (165,000,000 francs).

» Cette décadence est devenue surtout sensible à partir de 1840.

» De 1830 à 1840, l'Angleterre avait entretenu à la mer une moyenne
» de 94 navires baleiniers.

» En 1840, ce nombre tomba. . . . à 72
» En 1841. . . . . à 67
» En 1842. . . . . à 59
» En 1843. . . . . à 52
» En 1844. . . . . à 46
» En 1845. . . . . à 43
» En 1846. . . . . à 36

Les campagnes des mers du Sud devenaient en même temps plus longues et moins fructueuses; se prolongeant une année de plus, par exemple, et durant trois ans et neuf mois, avec un produit moyen de 143 tonneaux au lieu de 190, chiffre des années 1825 à 1830.

« En présence de tels résultats, il n'y a plus à s'étonner, continue
» M. Enderby, si l'importation des pêches du Sud et du Groënland
» réunies, qui, en 1821, s'était élevée à 24,856 tonneaux, s'est trouvée
» réduite, en 1845, à 5,564 tonneaux, et si le nombre des hommes
» employés à cette navigation, qui atteignait autrefois le chiffre de
» 12,788, est descendu au-dessous de 3,000.

» Il y a donc chez nous, non-seulement déclin, mais, il faut le dire,
» ruine de cette industrie. Cependant, dans un pays maritime, per-
» sonne n'en peut méconnaître la haute importance nationale. Qui au-
» rait pu, en effet, oublier en Angleterre, que c'est peut-être aux équi-
» pages baleiniers du Groënland que la nation britannique dut son
» salut, pendant la dernière guerre, lorsqu'on renforça l'escadre de la
» Manche avec dix mille de ces marins d'élite, et qu'on put ainsi rom-
» pre les dessins de la flotte française, encouragée par l'absence de
» lord Nelson? En face, d'ailleurs, de tels souvenirs, quelles réflexions
» ne doit-on pas faire, quand on compare notre situation à celle des
» Etats-Unis, et qu'en regard de notre misère présente, on voit chez
» les Américains l'exploitation baleinière prendre un développement si
» colossal, que le chiffre de leurs seuls armements actuels équivaut
» presque à celui de tous les armements effectués par l'Angleterre, de
» 1775 jusqu'à nos jours? »

Parmi les causes défavorables à la pêche britannique, il faut signaler, outre la concurrence américaine, 1° la réduction des droits sur les huiles étrangères et sur les graines oléagineuses, et, par suite, l'introduction croissante de ces produits au grand détriment de l'emploi d'huile de baleine; 2° le développement des pêcheries australiennes, et les privilèges accordés aux pêcheurs des colonies anglaises, mais refusés aux armateurs de la métropole.

Et d'abord, à partir de 1821, époque de la réduction des droits sur les huiles végétales étrangères, l'importation s'en éleva de 16,400 tonneaux à 82,355 tonneaux. Les huiles de baleine importées par navires anglais descendaient en même temps de 24,856 tonneaux à 5,564, remplacées qu'elles étaient, dans un grand nombre de cas, par les précédentes, à cause de l'abondance et du meilleur marché de celles-ci. Or, les Américains faisaient précisément tout le contraire : la consommation des huiles de poisson étant chez eux toujours aussi considérable et aussi générale que celle des huiles végétales y était relativement restreinte. Aussi les huiles d'olive et de lin y sont-elles beaucoup plus chères qu'en Angleterre, et celles de baleine et de cachalot à bien plus bas prix, quoique les besoins manufacturiers soient à peu près les mêmes chez les deux nations. Les Etats-Unis introduisant ainsi, chaque année, et sous leur propre pavillon, plus de 43,000 tonneaux d'huile de baleine, s'approprient en moyenne 1,420,477 *liv. sterl.*; tandis que la valeur des similaires anglais atteint à peine 249,182 *liv. sterl.* , et laisse en faveur des Etats-Unis une différence de 1,171,266 livres sterling.

Un tel contraste n'a certes pas besoin de commentaires*.

Et voici en quels termes un représentant de l'Union dépeignait, de son côté, la prospérité de la grande pêche américaine: «Rien de com-
» parable à nos armements de pêche ne s'était encore vu dans le monde, disait M. Grinnel de Massachussets, le 1er mars 1844. C'est un fait
» entièrement nouveau dans l'histoire commerciale ; nos navires ba-
» leiniers surpassent maintenant en nombre ceux de toutes les autres
» nations réunies. Les résultats de l'entreprise répondent à son déve-
» loppement, et, sous tous les rapports, procurent à notre pays d'in-
» calculables avantages. Ceux de nos marins qui font la pêche du
» cachalot restent ordinairement en campagne trois ans et demi ; ils
» explorent toutes les mers; leur infatigable hardiesse ne craint pas
» de rester souvent trois et quatre mois en croisière, avec un homme
» en vigie à la tête de chaque mât, sans être récréé par une seule
» capture; mais rien ne décourage ces intrépides pêcheurs. Notre flotte
» baleinière est montée par 17,500 matelots. Ces hommes sont endurcis
» à toutes les fatigues. Aussi braves marins que bons citoyens, ils sau-
» raient, comme ils l'ont montré dans la dernière guerre, défendre le
» pays, s'il était en péril. On les trouvera toujours prêts à fournir à nos
» vaisseaux de ligne d'incomparables équipages. Si nous étions encore
» réduits à prendre les armes pour le maintien de nos droits, ils se-

* Voir *les Annales maritimes et coloniales* de 1847, p. 460, t. IV, 3e série.

» raient, il faut le dire, eux et les autres marins de la république, le » bras droit de notre défense ».

Ce discours de M. Grinnel, publié et propagé dans les Etats-Unis devrait l'être également en France, pour nous faire honorer dignement nos armateurs de pêche, et apprécier la haute importance des primes que le gouvernement français leur accorde. Interrogez à ce sujet nos officiers de marine : « La plus pénible et la plus hardie des exploita» tions, cette pêche baleinière, c'est, vous diront-ils, l'école la plus » propre à former nos matelots infatigables, à l'intelligence agrandie, » au courage éprouvé, ces *gabiers*, en un mot, qui sont l'âme de l'exé» cution des manœuvres sur nos bâtiments à voile. Au moment du » péril, un bon gabier vaut généralement dix matelots ordinaires, et » un baleinier, ayant fait trois campagnes, est presque toujours un bon » gabier ». Qu'on juge par là de la puissance maritime des Etats-Unis!

Mais ce n'est point tout. Au 1er janvier 1844, leurs navires baleiniers s'élevaient au nombre de 644, jaugeant ensemble 200,485 tonneaux, et employant 17,594 marins; et au 1er janvier 1846, ils atteignaient le chiffre énorme de 737, jaugeant 233,282 tonneaux. Leurs équipages étaient composés de plus de 20,000 hommes, tandis que les marins anglais occupés à la même navigation, tant dans les mers du Sud que dans celles du Nord, n'atteignaient pas le chiffre de 3,000 individus. « Quelle différence! que de motifs d'humiliation et de regret! » s'écriait à ce propos M. Enderby.

Le progrès de la grande pêche américaine ne s'arrêtera pas là; et l'on peut s'en convaincre par les seules campagnes faites en 1849 et 1850, dans l'Océan arctique, au-delà du détroit de Béring. Sur le rapport d'un armateur, qui, en peu de temps, y avait effectué une cargaison complète, 154 baleiniers, montés par 4,650 marins, et représentant une valeur de 4,650,000 dollars, s'élancent à l'aventure dans cet Océan polaire, et, bravant tous les dangers d'une mer inconnue, rapportent 206,859 barils d'huile de baleine et 2,481,000 livres d'os ou fanons, dont la valeur totale dépassait la moitié de celle des navires et de leur armement.

Dans l'été de 1850, une nouvelle flotte de 144 baleiniers; montée comme la première, et d'une valeur à peu près égale, pénétra dans les mêmes régions inhospitalières, et, en peu de semaines, embarqua 243,680 barils d'huile de baleine, valant 3,761,201 dollars, et 3,654,000 livres d'os ou fanons, d'une autre valeur de 1,260,630 dollars. Or, le produit total de ces deux expéditions représentant 8,442,453 dollars, ou 43,899,755 francs, et les frais de navires et d'armement étant de 8,970,000 dollars, ou 46,644,000 francs, on voit qu'en deux années, c'est-à-dire, en une seule campagne, les armateurs américains sont presque rentrés dans leurs capitaux et ont gagné près de cent pour cent.

« Tout le commerce américain avec ce qu'on appelle l'Orient ne vaut » pas, disait à ce propos le ministre de la marine des Etats-Unis, ne » vaut pas ce que ces deux années 1849 et 1850 nous ont rapporté. Il » a été engagé plus de matelots américains pour cette petite partie de » l'Océan que pour toutes les autres ensemble; et, dans ces deux an- » nées, ces hardis pêcheurs ont fait sortir du sein des mers, ont créé » par leur propre énergie, et ajouté aux richesses nationales une » valeur de plus de huit millions de dollars » *.

C'est à la suite de ces faits, exposés dans une note officielle, et après avoir rappelé les naufrages, dont, par ignorance de bons ports de refuge, cette flotte baleinière avait souffert en 1851, que le ministre de la marine américaine a proposé d'employer plusieurs navires de guerre à la correction des cartes de la mer Arctique, et ensuite à l'exploration des *îles des Renards*, dans les Aleutiennes, de la mer d'Ochotsk, du golfe d'Anadir, comme à l'examen des mers de la Chine et du Japon, dont l'hydrographie est encore si défectueuse, et pourtant chaque jour plus nécessaire à bien connaître.

Telle est la situation de ces baleiniers aventureux, dont l'ambition, autant que l'intérêt légitime, a déjà fait décréter contre l'empire Japonnais une croisade capable de renouveler, en plein dix-neuvième siècle, celle de Fernand Cortès contre le Mexique. Le Nord de l'Océan Pacifique devient leur domaine de prédilection, comme le Sud en est maintenant exploité de préférence par les pêcheurs anglais de l'Australie.

L'histoire de ces derniers mériterait aussi notre attention, et d'autant plus qu'on y lirait d'avance les prémisses d'une nouvelle émancipation coloniale de la race anglo-saxonne. Les baleiniers furent les premiers héros de l'indépendance des Etats-Unis, et ils le seront également un jour de l'indépendance Australienne. Voyez, en effet, le progrès de leur activité dans les mers du Sud, en présence de la décadence générale des grandes pêches d'Angleterre.

La supériorité des baleiniers australiens est d'abord facile à concevoir, placés qu'ils sont dans les mers du Sud, au centre des meilleures stations de pêche, et pouvant commencer leurs opérations presque au sortir du port. Les Anglais de la métropole, au contraire, ne peuvent atteindre les parages où séjournent ordinairement les baleines qu'après plusieurs mois de navigation. Et quand leur cargaison est complète, la même difficulté se présente à eux pour rallier leur port d'armement;

* Note du 5 avril 1852, adressée au sénat américain par M. Graham, ministre de la marine des Etats-Unis.

tandis que les Australiens, grâce à la proximité des terres, font chaque année le versement de leurs produits, sans traversée ni perte intermédiaire de temps. Ainsi, l'Australien employant à la pêche tout le temps qu'il tient la mer, jouit d'une supériorité naturelle incontestable *. Inférieur, toutefois, à l'Anglais, sous le rapport des capitaux, il a fait naître l'idée de combiner les avantages de celui-ci avec ceux qu'il tient lui-même de sa position géographique. De là le projet formé par les baleiniers de la Grande-Bretagne, d'établir le siége permanent de leurs opérations communes au centre même des parages fréquentés par les Australiens, au Sud de la Nouvelle-Zélande, dans les îles Auckland, situées sous le 51° latitude sud, et le 162° 40' 45" méridien de Paris, à quinze journées de la terre de Van-Diémen. Cette association s'est constituée à Londres, en 1847, au capital de 1,000,000 liv. sterl., avec le but principal d'éviter les faux frais et les pertes de temps qu'occasionne aux baleiniers armés dans la métropole, l'éloignement des parages de la pêche. Et cette vaste entreprise fonctionne maintenant sous la direction de M. Charles Enderby, dont le nom, honoré à tant d'égards, a été donné par le baleinier Biscoe à l'une des terres du pôle Sud.

L'établissement fixe des iles Auckland, favorisé de toute la protection britannique, est un fait significatif dans l'histoire des pêches, et c'est aussi le meilleur exemple à proposer aux armateurs français, qui ont égal besoin de trouver des stations permanentes de décharge, de radoubs ou de ravitaillement, sur le théâtre même de leur industrie **.

* M. Charles Enderby, dans sa lettre citée plus haut, démontre :

1° Qu'un navire de 350 tonneaux, équipé en Angleterre ou en Amérique pour la pêche du cachalot, pendant une campagne de quatre ans, tire d'un capital de 10,920 liv. sterl. (intérêt compris), un bénéfice net d'environ 580 liv. st.; tandis qu'un navire de 250 tonneaux, équipé dans une colonie australienne pour la même pêche, tire en quatre voyages, d'un capital de 7,260 liv. sterl. (intérêt compris), un bénéfice de 5,665 liv. sterl.

2° Qu'un navire de 250 tonneaux, armé en Angleterre pour la pêche de la baleine franche, pendant une campagne de deux ans, coûte (intérêt compris), 5,500 liv. sterl., et rapporte un bénéfice de 720 liv. sterl.; tandis qu'un navire de 250 tonneaux, équipé pour la même pêche, dans une colonie australienne, pour deux voyages d'un an chacun, coûte (intérêt compris), 5,500 liv. sterl., et rapporte un bénéfice net de 3,136 liv. sterl.

Ces bénéfices australiens sont pourtant bien inférieurs à ceux des Etats-Unis!

** Voici les avantages que les baleiniers anglais comptent retirer de leur nouvelle fondation :

Economie dans les frais d'armement, d'entretien et de réparation des navires;

Economie dans les frais d'assurance ;

Augmentation dans les produits;

Placement immédiat de la marchandise, et, par conséquent, augmentation dans les bénéfices ;

Diminution dans le coulage;

Garantie contre l'improbité des capitaines et autres agents.

Mais le gouvernement d'Angleterre ne s'est pas borné à seconder de tous ses moyens cet effort restaurateur des grandes pêches. Terre-Neuve est aussi l'école de ses marins, et le laboratoire qui fournit à l'Europe une de ses denrées les plus économiques et les plus salubres. Trois mille bâtiments de diverses nations s'y donnent rendez-vous, chaque année, pour la pêche de la morue, et font sortir du fond de la mer un revenu de 35,000,000 de francs. La France seule en retire une valeur de sept millions, et pourtant elle n'y occupe que deux rochers stériles; elle n'y expédie que 400 navires, montés par 12,000 matelots, et n'y a que le droit de pêcher en des parages déterminés, et sans pouvoir fonder aucun établissement fixe. — Mais les Américains, favorisés par le voisinage et par la stabilité de leurs spéculations, sont là sur un fonds maritime que la nature leur accorde invinciblement, alors même que les conventions diplomatiques le leur refusent. Là, donc, l'Angleterre sent encore la fortune des mers lui échapper, et c'est en vain qu'elle voudrait y conserver longtemps la prépondérance, quand ses meilleurs matelots désertent en si grand nombre sous le pavillon des Etats-Unis. De là pourtant sa vigilance; de là les discussions relatives à ces pêcheries inépuisables, que l'avenir appelle, sans doute, à former le patrimoine commun des nations *maritimes*, mais qui deviennent, en attendant, la pierre d'achoppement de la paix du monde.

Pourquoi? parce que de la pêche dépend la marine, la puissance navale, et, par suite, la suprématie des mers, prélude infaillible de la domination universelle! Aussi dans le traité de 1783, après avoir, par le premier article, fait reconnaître leur indépendance, et, par le second, fixé les limites de leur territoire, les Américains consacrèrent-ils le troisième article au règlement de la pêche sur les côtes, reconnaissant cette question assez grave pour la résoudre dans leur traité fondamental, immédiatement après la reconnaissance de leur nationalité et de leurs frontières *.

Pendant les vingt-neuf années qui suivirent ce traité, les pêcheurs rivaux se firent une concurrence paisible, comme avant la guerre de l'indépendance; et les nouveaux armateurs des États-Unis, comme les

* Voici le texte de cet article : « Il est convenu que le peuple des États-Unis continuera, comme par le passé, à jouir sans être inquiété du droit de prendre des poissons de toute espèce sur le grand banc et sur tous les bancs de Terre-Neuve, ainsi que dans le golfe de Saint-Laurent et aux autres endroits de la mer où les habitants des deux pays ont coutume de pêcher, et aussi que les habitants des deux pays auront la liberté de pêcher sur toutes les parties de la côte de Terre-Neuve où les pêcheurs anglais ont le droit de venir; mais il ne pourront pas faire sécher et préparer leur poisson dans cette île, ni sur les côtes de toute autre possession de Sa Majesté Britannique. » Le reste de l'article a rapport à la permission accordée aux pêcheurs américains de faire sécher le poisson sur les points inhabités de la Nouvelle-Ecosse, du Labrador et autres lieux.

anciens colons du Massachusets, du Connecticut ou du Maine, allèrent pêcher sur les côtes de l'île de Terre-Neuve, de la Nouvelle-Écosse et autres appartenant encore aujourd'hui à l'Angleterre. Mais en 1812, la guerre des deux nations vint interrompre leurs opérations de pêche jusqu'en 1814. Le gouvernement anglais prétendit retirer aux Américains les priviléges qu'il leur avait cédés en 1783. Ceux-ci répliquèrent aussitôt que leur nationalité, leurs frontières et leurs pêcheries ne pouvaient être remises en question; et comme ils continuaient à vouloir pêcher dans les baies des possessions anglaises, ils en furent éloignés et forcés de se tenir à soixante milles des côtes. Tous bâtiments américains étant alors saisis en dedans de ces limites, il devint nécessaire de définir les droits des États-Unis, et l'on crut y pourvoir par la convention de 1818, déclarant que les armateurs de l'Union « ne pour- » raient prendre, sécher ni préparer le poisson à une distance de trois » milles des côtes, baies, criques ou ports des possessions britan- » niques. » Mais de cette définition peu claire, naquit bientôt une autre question.

La limite en effet dont il s'agit, cette limite de trois milles, doit-elle partir de la côte même des baies? C'est là l'opinion des pêcheurs américains qui, depuis 1818, c'est-à-dire depuis trentre-quatre ans, ont jeté l'ancre dans l'intérieur des baies sans être inquiétés, pourvu qu'ils ne se trouvassent pas à une distance de moins de trois milles de la côte même. Mais en 1841, les colons anglais de la Nouvelle-Écosse ayant réclamé contre cette interprétation du traité, le gouvernement britannique prétendit qu'il fallait tirer une ligne des points extrêmes des côtes ou de l'entrée des baies et des ports, et faire partir de cette délimitation les trois milles dont l'accès était interdit aux pêcheurs américains. Cette interprétation du traité de 1818 équivalait à l'expulsion des bâtiments de toutes les baies; et comme il y en a de très-vastes sur les côtes en question, cette exclusion constituait pour les États-Unis la perte totale des pêcheries qu'ils avaient défendues si énergiquement.

Tel est le point délicat qui divise les deux nations. En présence d'intérêts rivaux qui semblent irréconciliables, c'est un véritable nœud gordien que le gouvernement anglais a voulu trancher par des mesures repressives contre la pêche américaine. Celle-ci occupe pourtant plus de deux mille navires montés par trente mille matelots, représentant chacun un capital d'environ 80,000 francs. De là l'importance d'un conflit difficile à résoudre par des notes diplomatiques, et qui tient en émoi quiconque s'intéresse à l'avenir pacifique de la civilisation.

V.

La paix de 1814 nous rendit la participation que l'ancienne monarchie avait conservée dans l'exploitation des eaux de Terre-Neuve. Le grand banc surtout, où le poisson pullulle et s'entasse sur une superficie de cent cinquante lieues de long sur cinquante lieues de large, est la source où nos armateurs n'ont qu'à étendre leurs cordages armés de milliers de hameçons pour en retirer autant de morues. La France y expédie chaque année quatre cents navires environ, montés par douze mille matelots. Encouragés par des primes qui viennent d'être accrues tout récemment, ces pêcheurs ont rapporté, par exemple, en 1851, quatre cent trois mille sept cent soixante-dix-sept quintaux métriques de morues vertes et sèches, de draches, de rogues et d'issues. Ce chiffre accuse d'ailleurs une augmentation de sept pour cent par rapport à 1850, et de quatre pour cent comparativement à la moyenne de la période quinquennale.

La pêche de la baleine fut également encouragée par des primes sous la Restauration et sous les gouvernements qui lui ont succédé. La sollicitude de notre ministère de la marine ne s'est pas ralentie à cet égard. De nouveaux encouragements viennent encore d'être ajoutés aux anciens; et si en 1817 les armements se bornèrent à quatre navires montés par quatre-vingt-huit marins français, en 1836 ils s'élevèrent à cinquante-huit, montés par deux mille soixante-douze de nos matelots. Le seul port du Hâvre arma quarante et un de ces bâtiments, et en retira cinquante mille quintaux métriques d'huile de baleine et de fanon, dont la vente produisit trois millions cinq cent mille francs *. En 1850 les retours de la pêche de la baleine ont été de vingt mille cent cinquante-sept quintaux métriques, et en 1851, seulement de dix-sept mille quatre cent soixante-dix-sept quintaux **. Diminution regrettable, qui nous montrerait aussi la décadence de nos grandes pêches, et devrait bien secouer notre léthargie en présence des efforts de l'Angleterre et du succès prodigieux des baleiniers américains! Mais la confiance dans l'avenir ranime aujourd'hui nos armateurs; et déjà tout se prépare pour utiliser nos établissements de l'Océanie situés au centre même d'un des meilleurs parages de la pêche du cachalot. Cette industrie si productive ne sera plus abandonnée aux Américains, et nous en recueillerons les bénéfices assurés à notre station permanente de Taïti.

Quant à la pêche de la morue, elle est sans doute en voie de pros-

* *Annales maritimes*, juin 1838, 2ᵉ série, page 787; et novembre de cette même année, page 1069, 2ᵉ série.

** *Moniteur* du 5 septembre 1852.

périté; et le placement de ses produits hors de la France, c'est-à-dire dans nos colonies ou à l'étranger, s'est élevé de soixante-deux mille soixante-dix quintaux métriques, chiffre de 1850, à quatre-vingt-cinq mille quatre cent dix quintaux, chiffre de 1851 : accroissement de trente-huit pour cent, dont une partie porte sur les expéditions destinées à l'Italie. Qu'on se garde bien pourtant de se faire illusion sur l'étendue de ce progrès ! A Civita-Vecchia, par exemple, dans ce port qu'occupent nos troupes, sait-on la situation de nos importations de morues par rapport à celles de l'Angleterre ? Celles-ci s'élèvent à une valeur de un million cinq cent mille francs; et les nôtres ne méritent pas même d'être nommés, car on les repousse sous prétexte que l'humidité de nos salaisons en empêche la conservation dans les pays chauds et n'en permet pas le transport dans l'intérieur du pays. Livourne reçoit de même vingt-cinq à trente navires anglais, qui viennent chaque année lui apporter les produits de Terre-Neuve; Ancône également. Quant à Venise et à Trieste, elles reçoivent de préférence les poissons salés et séchés des pêcheurs norvégiens.

Et pourtant l'Italie est aux portes de Marseille et de Cette, où viennent débarquer nos propres cargaisons de morues, que nous ne savons pas faire entrer en concurrence avec les similaires de nos rivaux !

Une situation pareille n'accuse-t-elle point, de notre part, la plus déplorable incurie ? ou plutôt une incomparable ignorance de nos intérêts les plus précieux, de nos intérêts extérieurs et maritimes ? Nous créons le crédit foncier, nous multiplions les comices agricoles et les états-majors des fermes-modèles; et nous oublions que la pêche, agriculture de la mer, centuple la valeur de ce littoral de la France, que trois cents lieues de côtes en Algérie classent désormais en première ligne pour l'étendue !

Les encouragements donnés à des essais de pisciculture dans nos fleuves et canaux, témoignent sans doute d'une bonne intention; mais ce fait méritera-t-il d'être cité dans l'histoire générale des pêches, dans les glorieuses annales de ces entreprises qui précèdent et souvent aussi guident la civilisation, qui la sauvèrent au cinquième siècle de l'ère chrétienne dans les lagunes de Venise, et qui, après l'avoir implantée de nos jours dans l'Australie, la porteront bientôt dans l'empire du Japon ? Combien nous préférerions que les promoteurs de nos réformes intérieures dirigeassent leurs vues et notre propre activité vers l'extérieur ! C'est par le dehors qu'on agit sur le monde ; et c'est là le besoin, c'est là le démon qui agite et tourmente notre patrie !

On conviendra maintenant, si l'histoire conserve quelque autorité, que l'industrie de la pêche est une source de force et de prospérité pour les États, qu'elle constitue même une condition essentielle et un intérêt permanent dans leur existence, et que les hommes gouvernementaux doivent s'efforcer de la créer, par tous les moyens possibles, là où elle n'existe pas encore, comme la protéger et l'encourager là où déjà elle s'est elle-même établie. Ce ne sera donc pas trop présumer de l'expérience de tous les peuples, que de voir le germe d'une grande œuvre dans l'accomplissement d'un projet qui agrandirait, développerait et consoliderait, en les reliant entre eux, tous nos établissement de l'Algérie et du Sénégal.

L'histoire des pêches ne saurait d'ailleurs oublier les publications spéciales de M. Berthelot, actuellement consul français aux Canaries. Son excellent projet d'établir ou plutôt renouveler cette industrie sur les côtes occidentales d'Afrique *, nous reporte vers un passé d'autant plus utile à évoquer de l'oubli que l'héritage nous en est tôt ou tard réservé. Il nous importe en effet de savoir que ces parages furent le grand théâtre des anciennes pêcheries espagnoles et portugaises dont nous n'avons point encore parlé. Tandis qu'aux quinzième et seizième siècle la France et les nations du Nord dirigeaient leurs armateurs vers l'Islande, le Groënland ou le banc de Terre-Neuve, le rendez-vous des pêcheurs de la Péninsule ibérique était aux Canaries, au banc d'Arguim, aux îles du cap vert. La ville d'Agadir, située au sommet d'un promontoire, ne fut à l'origine qu'un petit château-fort, bâti par un seigneur portugais pour la protection d'un établissement de pêche. C'était vers l'an 1500, et ce château fut nommé *Santa-Cruz* par son fondateur**. Quelques années après, le roi de Portugal l'acheta et le transforma en une petite place forte, qui est maintenant Agadir ou Sainte-Croix de Barbarie. A quelques lieues de cette ville, au sud de la pointe du cap Geer, existent encore, d'après Davidson, une station de pêche avec une sècherie; et deux ou trois journées plus haut vers Mogador, deux grandes mines de sel, où, comme ils faisaient jadis, les pêcheurs pourraient encore se procurer la matière première de leur industrie. C'est de là que les Portugais et les Espagnols, des Canaries, s'avançant le long des côtes africaines ou vers l'océan occidental, arrivèrent, les uns à la découverte du cap de Bonne-Espérance et les autres à celle de l'Amérique.

Ainsi voyons-nous toujours se vérifier la règle historique que les pêcheries, par la production en grand d'une alimentation à bon marché, préludent tôt ou tard à la domination commerciale et politique, et lui survivent même, quand celle-ci n'est plus. Mais comment l'Eu-

* *De la pêche sur la côte occidentale d'Afrique, et des établissements les plus utiles aux progrès de cette industrie*: ouvrage publié sous les auspices de MM. les ministres de la marine et du commerce, par Sabin Berthelot, secrétaire général de la société de géographie, etc. — Paris, Arthus Bertrand, libraire éditeur.

** *Marmol*, t. I, p. 449.

rope moderne put-elle oublier ces côtes occidentales d'Afrique et en négliger les ressources inépuisables? Comment l'Espagne, en particulier, a-t-elle plusieurs fois bravé ou fait la guerre pour envoyer ses pêcheurs au banc de Terre-Neuve, tout en dédaignant les parages bien plus féconds qu'elle avait à ses portes et qu'on ne lui disputait pas? Enigme indéchiffrable, si d'irrésistibles influences n'en donnaient la clef. Ainsi la découverte des continents nouveaux, excitant l'émulation des voyages au long cours, avait ouvert la carrière des grandes entreprises maritimes, et fait préférer les produits des mers polaires, c'est-à-dire la morue, le hareng, la baleine et le cachalot; à quoi il faut ajouter la ferveur croissante des idées américaines, et les richesses fabuleuses du commerce asiatique par le cap de Bonne-Espérance. L'Afrique s'éclipsa devant l'éclat et la séduction de ces faits dominateurs, et sa pêche y disparut comme un simple incident.

De là maintenant l'intérêt et la nouveauté du travail de M. Berthelot, résuscitant ces vieilles pêches africaines et les montrant bien supérieures à celles de Terre-Neuve et des mers du Nord, sous le triple rapport de l'emplacement, du climat et des produits. Pour comprendre aussi les établissements qu'il projette, il faut nous transporter sur les rivages qui s'étendent de l'Algérie à notre colonie du Sénégal.

Les attérages de ce littoral, depuis Mélilla jusqu'au cap Spartel et de là jusqu'aux rives de l'Ethiopie occidentale, constituent peut-être les plus riches stations de pêche, mais sans contredit les plus commodes et les plus sûres de notre hémisphère. Or qui ne sent combien au point de vue de notre industrie maritime, il importerait d'établir entre l'Algérie et le Sénégal, sous l'œil de nos deux plus belles colonies, l'école et la pépinière de nos matelots, de les mettre à même de commander un jour le détroit, enfin de concentrer de plus en plus nos forces navales sur la route même des grandes relations commerciales retournant aujourd'hui vers la Méditerranée. Tels sont les premiers motifs qui militent pour l'établissement sur les côtes d'Afrique des pêcheries en question.

Par une heureuse combinaison de circonstances atmosphériques, le climat y est singulièrement favorable à la pêche, ainsi qu'à la conservation de ses produits; et le voisinage des îles fortunées, situées à peu près au centre de ces parages, indique lui-même que les côtes de cette partie de l'Afrique ne sont à redouter sous aucun rapport. Bien que la chaleur y soit plus forte en raison des différences de latitude et des positions continentales, les mêmes brises et les mêmes circonstances climatériques s'y reproduisent presque aussi régulièrement que dans les Canaries.

M. Berthelot a pu lui-même observer que dans les temps ordinaires, c'est-à-dire quand soufflent les brises, la température de l'air est remarquable par son uniformité et que la sensation de la chaleur n'y est pas en raison de l'ardeur du soleil. « Ce qui étonne le plus dans ce climat, ajoute-t-il, c'est la prompte dessication des substances animales qu'on laisse exposées à l'air libre. Le poisson frais se dessèche en quelques heures... Dans le cimetière de Guia, sur la côte méridionale de Ténériffe, la plupart des corps restent intacts. — J'y ai vu des cadavres qu'on avait adossés contre un mur depuis plus de six mois et qui ressemblaient à des momies desséchées. Du reste, cette propriété dissicative du climat des îles Canaries est commune à toute la bande occidentale d'Afrique, depuis le cap Geer jusqu'au Sénégal, c'est-à-dire tout le long de la lisière du grand Sahara. »

Telles sont les propriétés de ce climat qui permettent aux Canariens de conserver simplement à l'air les produits de leur pêche et de les expédier en liasses aux Espagnols de la Havane. La seule amélioration que M. Berthelot conseille, serait d'avoir sur l'emplacement des sécheries, des hangars ou *couvre-piles* en planches, bien ventilés, où le poisson fût à l'abri des ardeurs du soleil, afin qu'il ne noircît pas.

On voit dès lors, et sous tous les rapports, combien la pêche africaine offrirait de nombreux avantages sur celle de Terre-Neuve, dont les produits, après avoir subi l'influence d'une atmosphère humide, nous arrivent si souvent avariés avec cette couleur noirâtre et cette chair friable qui constituent la morue *brumée*.

C'est particulièrement du cap Geer au Sénégal, sur tout le littoral du grand désert, qu'est la station peut-être la plus poissonneuse de tout l'Océan. Les migrations de poissons y sont constantes et en même temps alternatives comme les courants qui, suivant les mouvements du soleil, se dirigent au sud pendant l'automne et l'hiver pour remonter au nord pendant le printemps et l'été, mais avec cette différence que les espèces voyageuses vont en sens inverse des courants comme les oiseaux de passage qui volent toujours contre le vent. C'est probablement à ces courants généraux, non moins qu'aux myriades de crustacés qui pullulent sur les attérages voisins, ou à l'existence des petites espèces dont les grandes font leur proie dans ces plaines sous-marines, qu'est due l'incroyable multitude des bandes de poissons nomades et ces légions de brêmes, de gades, de physis, de sciènes, de serrans, qui montent et descendent alternativement le long des côtes occidentales de l'Afrique.

On sait que les poissons affectionnent davantage les parages où le mouvement de translation des eaux est plus constant et plus rapide. Aussi est-ce sur le banc d'Arguin, dans les baies d'Agadir, de Saint-Cyprien et d'Agra de Ruivos, aux bouches du Noun et de la Schlima, au Rio del Oro, aux attérages du cap Barbas et du cap Blanc, sur les barres du Sénégal, dans la baie de Gorée et à l'embouchure de la Gambie, qu'on rencontre en masses plus compactes ces phalanges voyageuses qui, depuis plus de trois siècles, fournissent leurs tributs aux Canaries.» C'est encore, ajoute M. Berthelot, dans les eaux de cet archipel que les thons se montrent en plus grand nombre, lorsqu'ils sillonnent l'Océan dans leurs migrations lointaines; et là encore ces superbes scombres choisissent pour point de ralliment un détroit de trois ou quatre milles de large où les courants de la mer canarienne se manifestent avec le plus de force. »

Un fait non moins curieux à citer et qui rattacherait l'abondance des produits de la pêche à la fréquence de nos expéditions maritimes, c'est que les espèces voyageuses, et en quelque sorte envahissantes, suivent toujours volontiers dans leurs migrations les traces de l'homme sur les mers. Ainsi les carcharias, guidés par leur instinct dévorateur, apparurent en foule sur la côte occidentale d'Afrique, dès que les bâtiments négriers commencèrent à les fréquenter. D'un autre côté, il a suffi, sous la république et l'empire, d'une vingtaine d'années d'interruption dans nos grandes expéditions maritimes pour éloigner des rivages de Provence les splendides dorades que nos vaisseaux y avaient auparavant entraînées à leur suite, et qu'ils y ont en partie ramenées avec le retour de la paix et de la navigation. Ainsi plusieurs conditions favorables à la pêche ne manqueront pas de se développer, à mesure que se multiplieront les relations de la France et de l'Algérie avec les côtes occidentales de l'Afrique.

Quant aux espèces diverses dont se composent les produits des armateurs, on peut citer entre autres : le *mulle* et le *maigre*, si recherchés pour les gourmets de Rome dégénérée; le *mero*, analogue au grand serran de la Méditerranée et si bien apprécié par le savant naturaliste Broussonnet, notre ancien consul aux Canaries; la *dorée*, à la chair succulente et préférable à celle du turbot ; le rouget, qui a donné son nom à une baie où son espèce abonde, à l'*Angra dos Ruyvos*, à vingt lieues environ au sud du cap Bojador; les sardines et les anchois, qui affluent également dans la mer canarienne et n'offrent aucune différence avec celles de la Méditerranée, arrivant à des époques périodiques et suivant à peu près les migrations des autres poissons voyageurs; le thon et la pélamide, qu'une compagnie de génois, formée seulement depuis quelques années, a commencé d'exploiter avec d'assez gros bénéfices; l'espadon, dont on doit regretter que la pêche ait été si négligée jusqu'à nos jours, après avoir été si importante du temps des Romains sur les côtes de la mer Tyrrhénienne et de la Gaule narbonnaise. — Telles sont les principales espèces de la côte occidentale d'Afrique, dignes chacune de rappeler sur elles l'attention de nos pêcheurs, et dont l'exploitation occupe en ce moment plus de neuf cents matelots canariens.

C'est à la tête de ces espèces qu'il est temps de placer les morues des Canaries, la délicieuse *pescada* et l'*abadejo*, à la chair ferme, blanche et d'excellent goût, supportant également, l'une et l'autre, toutes sortes de préparations, soit qu'on veuille la conserver *en vert*, la saler complétement, la mariner ou la sécher simplement à la manière d'Islande. « Ces deux espèces, dit M. Berthelot, acquièrent d'assez grandes dimensions ; elles sont préférables à la morue du Nord et forment le fond des cargaisons des brigantins de pêche. »

L'excellente qualité de ces poissons nous a été confirmée à nous-même par M. l'amiral Roussin qui l'a expérimentée en 1817 et 1818, durant tout son voyage d'exploration hydrographique sur les côtes de l'Afrique occidentale. Ces morues préparées à l'instar de celles de Terre-Neuve et séchées avec une incroyable promptitude par les brises de ces parages, se sont parfaitement conservées pendant vingt mois de navigation, jusqu'au retour de l'expédition à Brest. Des hommes non moins compétents, des armateurs de pêche à Terre-Neuve nous ont pourtant fait observer que les morues africaines ont besoin d'être immédiatementsalées, cequiserait un inconvénient; et que contenant beaucoup d'eau, elles éprouvent un déchet des deux tiers ou d'une moitié de leur poids.

Mais en admettant ce déchet comme exact, bien qu'il n'ait point été prouvé par ceux qui l'avancent, les bénéfices de la pêche africaine n'en seraient pas moins évidents.

Il suffit en effet de rappeler à nos armateurs qu'une barque de quarante à cinquante tonneaux sur le littoral en question, peut effectuer son chargement en trois ou quatre jours. Les chiffres de M. Berthelot prouvent encore qu'un pêcheur canarien prend à lui seul, dans le cours de l'année, 10,714 kilogrammes de poisson, tandis qu'à Terre-Neuve un seul homme n'en pêche que 400 kilogr. Ainsi la pêche que peut réaliser le premier sur la côte occidentale d'Afrique supposerait l'emploi de plus de vingt-six hommes dans la mer du Nord.

« Cet avantage en faveur de la pêche africaine est confirmé en outre par les profits résultant de la vente des produits. Il est généralement reconnu, malgré le secours des primes, que la pêche de la morue à Terre-Neuve ne commence à donner des bénéfices aux armateurs qu'à la troisième année; aux Canaries, au contraire, le gain est assuré dès la première campagne, quoique le gouvernement espagnol n'accorde aux pêcheurs aucune espèce d'indemnité. »

Que faut-il de plus, je le demande, pour déterminer nos armateurs à diriger de ce côté leurs entreprises. Et qu'on ne prétende point que M. Berthelot a pu exagérer le mérite de la découverte. Voici comment un envoyé de l'Angleterre, Georges Glas, parlait en 1764 des produits de la pêche en question :

« *La morue de ces parages est meilleure que celle du banc de Terre-Neuve*; l'*anjova* est délicieuse; la *curbina* est un gros poisson qui pèse trente livres; les Canariens pêchent aussi beaucoup de poissons plats et d'autres encore que je ne saurais décrire. — Il est étrange, ajoute le navigateur écossais, que les Espagnols conservent le désir de partager avec les Anglais la pêche de Terre-Neuve, quand ils en ont une à leur porte bien supérieure à celle des mers du Nord *. »

Ainsi l'abondance des produits n'y a d'égale que l'excellence de leur qualité; et la promptitude comme la sûreté de la récolte ne laisse aucun doute qu'une pareille industrie, sous la protection d'un gouvernement éclairé et à l'aide d'une bonne organisation, ne devienne promptement susceptible des exportations les plus étendues. Supérieure en ressources à la pêche du Nord, et ne comptant surtout plus de rivale sous le rapport de l'emplacement et du climat, elle resterait sans con testation au premier rang de l'économie maritime. Les morues, qui entrent dans la consommation de nos Antilles et dont nous fournissons à grand' peine les deux tiers en produits de qualité la plus inférieure, se trouveraient dès lors entièrement importés par nous avec l'avantage d'un trajet plus court, secondé par des vents favorables. Or, avec des produits tout frais également propres à la consommation du riche et à celle du pauvre, nous nous affranchirions immédiatement de la concurrence des cargaisons américaines toujours les premières venues de la pêche de Terre-Neuve.

Quelles sont maintenant les stations particulières qui doivent servir de sècheries aux produits nouvellement pêchés. Comme elles seront en outre des points de rayonnement, pour notre influence maritime et coloniale, il importe doublement de les bien choisir.

Malgré les pêches abondantes que nous offrirait l'embouchure du Gabon, Saint-Louis de Sénégal et l'île de Gorée, près du cap Vert, sont les points extrêmes propres à fonder ces établissements. Le climat d'abord, bien que sous les tropiques, y participe encore aux brises fraîches et régulières des positions plus septentrionales. Dix ou quinze jours après que le soleil a repassé le zénith de ces lieux, on s'y croit délivré du mauvais temps, comme nous l'apprend M. l'amiral Roussin. C'est ainsi que le 15 novembre on tire un coup de canon à Gorée pour annoncer la fin de l'hivernage, ce qui serait aussi le signal de départ pour les pêcheurs. Ils pourraient en effet s'embarquer aussitôt, soit pour descendre jusqu'au fleuve de la Gambie, soit pour se livrer à leur industrie dans l'anse féconde de l'*Aiguade* au nord-est de la rade même de Gorée, soit en luttant contre les vents polaires qui suivent généralement à cette époque la direction des courants et contre les courants eux-mêmes qui vont avec une vitesse d'environ un mille à l'heure, pour remonter la côte vers le nord et atteindre les points favorables à leurs opérations. Ainsi les deux stations du Sénégal et de

* G. Glas. Hist. Can. isl., p. 338.

Gorée, non-seulement se trouvent à portée des attérages les plus poissonneux de la côte occidentale, mais ils joignent encore à l'avantage d'excellentes pêcheries celui d'un transport immédiat à nos colonies d'Amérique.

Les relations de Gorée et du Sénégal, qui se relient avec Portendick pour le commerce de la gomme, pourraient dès lors se rattacher par la pêche aux positions voisines d'Arguin.

La baie d'*Arguin*, que la France occupait encore vers le milieu du dernier siècle et qu'elle abandonna par incurie, mériterait en cette circonstance de rentrer au nombre de nos entrepôts. Nos pêcheurs lui rendraient facilement l'importance qu'elle eut successivement sous les Portugais et les Hollandais; ils y trouveraient le poisson en abondance, et la proximité du *cap Saline* leur mettrait de plus sous la main des mines de sel gemme. Cette station pourrait encore devenir très-importante par le commerce de cette denrée vitale qu'on fournirait aux tribus du littoral, et dont la vente nous procurerait, comme autrefois, des plumes d'Autruches, de l'ivoire et de la poudre d'or.

Mais indépendamment des profits de cet échange, la seule facilité de se procurer le sel sur les côtes occidentales d'Afrique serait un avantage inappréciable. Cet élément conservateur du poisson, ne coûtant pas plus que le poisson lui-même, devrait être un autre argument péremptoire pour entreprendre les pêches dont il s'agit. Les entrepôts de cette denrée attireraient en effet les pêcheurs qui, n'ayant pas besoin d'aller ailleurs s'en fournir, exerceraient leur industrie avec une supériorité incontestable, et approvisionneraient de leurs produits à meilleur marché le Maroc, les Etats Barbaresques et tout le midi de l'Europe.

Les Canaries, que le gouvernement Espagnol vient de déclarer ports francs, devraient peut-être constituer la position intermédiaire et centrale de nos stations de pêche. Aussi bien c'est dans ces îles que nos pêcheurs trouveraient leurs modèles, et apprendraient des Canariens à développer une industrie qui depuis trois siècles pourvoit à la consommation de l'Archipel Fortuné. Nous y avons déjà fait connaître les propriétés dessicatives que présente l'atmosphère, ses brises rafraîchissantes sans jamais être humides, partant sans aucun principe de décomposition pour les produits de la pêche, et sous ce rapport essentiel, l'incomparable supériorité des côtes occidentales d'Afrique sur les parages d'Islande ou du banc de Terre-Neuve.

Au milieu de tant de circonstances propices, réunies comme à dessein par la Providence, l'îlot désert de Graciosa, en admettant qu'une compagnie française obtînt la faculté de s'y établir, ce que nos relations avec l'Espagne et avec les autorités locales ne rendent guère douteux, se trouve admirablement placé pour une sècherie. Situé à quarante lieues du continent, il a sous la main toutes les ressources nécessaires. Le canal qui le sépare de l'île de Lancerotte, forme le hâvre le plus vaste des Canaries et le seul qui soit sûr pour les grands bâtiments ; la seule précaution qu'y réclame la prudence, est d'avoir une bonne ancre et du câble prêt à filer, lorsque les vents d'est et de sud-est forcent les navires à chasser dans ce mouillage. Un autre avantage à rechercher, sont les salines de Lancerotte, sur le rivage même du canal où nos pêcheurs trouveraient le sel dont ils auraient besoin pour leurs préparations ; et si la pêche se développait en proportion des richesses qu'elle doit procurer, un autre îlot voisin et inhabité, celui d'*Alegranza,* offrirait avec le temps un emplacement presque aussi favorable.

Pour faire pendant aux sècheries insulaires dont nous venons de parler, l'embouchure de la *Schlima,* à quatre milles sud-ouest du cap Noun, nous offre, à peu près au même degré de latitude, une autre sècherie sur le continent. Les grandes barques peuvent toujours franchir la barre de la rivière, et les navires d'un fort tonnage trouvent un bon mouillage le long de la côte, à l'abri du cap, depuis le mois de mars jusqu'à la fin d'octobre. Enfin le pays adjacent, l'un des plus fertiles et des mieux cultivés du littoral, fournirait à tous les besoins de nos pêcheurs. L'Afrique les convie donc ici merveilleusement à l'exercice de leur industrie, et malgré les avanies que les Maures de la contrée sont accoutumés d'imposer aux nouveaux-venus, il serait bientôt facile, par la présence d'une station navale ou même d'une force militaire permanente, d'y garantir toute sécurité à notre établissement.

Outre l'avantage de se prêter à tous les besoins des sècheries, ce poste aurait celui d'offrir de nouveaux débouchés à notre commerce par les relations qu'on se ménagerait avec les provinces voisines et les pays de l'intérieur. La ville de Noun que les indications de l'infortuné Davidson fixent à cinq ou six heures de marche de la mer *, et dont le chef s'est déjà lié avec nous par un traité de commerce, est considérée comme l'entrepôt du négoce de Mogador avec la Nigritie, comme le point de ralliement des caravanes qui partent ou arrivent de Tombouctou et le lieu d'échange entre les produits du Maroc et ceux du Soudan. Les tribus errantes qui s'étendent du cap Noun au cap Bojador, viennent aussi s'y approvisionner.

Il y avait donc un excellent parti à tirer d'un comptoir établi sur cette côte ; et rien ne s'y opposerait sérieusement au succès de cette factorerie, car la population y est toujours restée indépendante de l'empire de Maroc. Elle s'est d'un autre côté familiarisée avec les pêcheurs

* *Journal de J. Davidson*, p. 84, in-4° 1840.

canariens, et en nous mêlant à ceux-ci nous l'accoutumerions sans peine à nos relations.

Si l'embouchure de la *Schlima* et le port *Guader* qui l'avoisine, sont les positions les plus favorables pour influencer progressivement le Maroc par le Sud, les *Zaffarines* ne sont pas moins propices à l'exécution des projets que nous pourrions former sur la Méditerranée, à l'extrémité nord-est de cet empire. Ces trois petits îlots y fixent nos frontières de l'Algérie, à soixante-cinq lieues environ du détroit de Gibraltar, et offrent, d'après l'excellent travail hydrographique de M. Bérard, un mouillage assez sûr avec un excellent fond. Un canal de deux milles les sépare de la terre ferme, et les vaisseaux peuvent y louvoyer sans crainte. C'est là où l'on pourrait établir les dernières sécheries, si les précédentes présentaient des inconvénients ou éprouvaient des contrariétés, ce que rien ne semble faire présumer. Il suffirait alors d'y transporter, de la mer Canarienne, le poisson préparé à mi-sel pour y être co mplétement séché. La température de la côte septentrionale d'Afrique faciliterait singulièrement les opérations du *séchage*, et assureraient une bonne conservation à nos produits de pêche qu'on vendrait dans les provinces du Maroc et de l'Algérie, et que la proximité de la France et du détroit permettrait immédiatement de transporter aux colonies.

Ajoutons ici que le poisson de la Méditerranée se multiplie avec une extrême abondance dans ces parages, où il semble apporté par les courants qui longent l'Afrique. Ce serait donc là une ressource nouvelle pour nos pêcheurs, qui n'auraient qu'à courir le long de la côte jusqu'à Ceuta, pour y recueillir les richesses ichthyologiques que les Espagnols n'ont pas toujours négligées comme aujourd'hui. Les alentours d'Oran se prêteraient encore à d'autres sécheries; les salines d'Arzew en fourniraient le sel, et les progrès de notre colonisation secondant ces nouvelles entreprises, en retireraient en échange, par la création d'une marine africaine et le développement du commerce extérieur, les meilleures et les plus sûres garanties d'un grand avenir.

VI.

Pendant que nous insistons, peut-être avec trop de zèle, sur les bénéfices de la pêche aux côtes occidentales de l'Afrique, le jeune empire du Brésil, marchant à pas de géant vers de nouvelles et meilleures destinées, songe à rétablir les anciennes pêcheries fondées par les Portugais sur le rivage oriental de l'Amérique du Sud. On sait que l'île Sainte-Catherine y était jadis le rendez-vous des baleiniers*, qui se portaient de là aux Malouines, au cap Horn ou bien à l'île *Georgia*, dont

* Voir le *Brésil*, par M. Ferdinand Denis, page 237.

l'exploration avait été, pour ce motif, recommandée par Louis XVI à La Pérouse. Sainte-Catherine, et bien d'autres points du littoral brésilien, pourraient offrir encore les mêmes avantages aux armateurs qui s'adonneraient, non pas seulement à la pêche des cétacées devenus, dit-on, plus rares en ces parages, mais encore à celle des veaux et loups marins qui, de l'embouchure de la Plata aux îles Chiloé, en passant par le détroit de Magellan, pullulent sur toute l'étendue de ces côtes. Paisibles habitants de ces climats rigoureux, la chasse de ces amphibies est susceptible d'alimenter des entreprises extrêmement productives qui n'ont guère profité, jusqu'à présent, qu'aux Anglais. Ceux-ci obtinrent, il y a quelques années, de la République argentine, le monopole de cette pêche sur l'île de *los Lobos*, ou des Loups marins, à l'embouchure de la Plata, et à quelques lieues de Maldonado. Le nom donné à cette île indique suffisamment la nature de l'unique richesse que l'homme puisse y recueillir. Les bâtiments pêcheurs mouillés en rade de Maldonado, où ils sont abrités du terrible *pampero* par la petite île de *Gorriti*, envoient, après le coup de vent, toutes leurs embarcations à l'île de *los Lobos*. Les matelots, armés de lourds bâtons, descendent en tapinois, et parmi les algues qui garnissent les bords de l'île, ils trouvent, étendus au soleil comme des lézards, d'innombrables troupeaux de phoques qui, à leur aspect, se précipitent en désordre du côté de la mer. C'est alors à qui distribuera le plus de coups de bâton sur ces timides animaux, qui se laissent de tous côtés assommer par centaines. Le phoque, comme on sait, fournit une grande quantité de graisse, et en outre une fourrure précieuse pour les vêtements des équipages qui naviguent dans les régions polaires.— Telles sont les chasses dont l'exploitation semble dévolue aux armateurs brésiliens, qui, après avoir pour jamais renoncé à la traite des nègres, tourneront leur ambition vers des entreprises plus utiles à leur pays et plus honorables pour l'humanité.

Les Anglais avaient encore obtenu, de la *République argentine*, le droit de pêcher dans le Parana une variété du castors appelés *conilli*; mais ils y ont renoncé depuis longtemps comme à une industrie trop peu productive pour des étrangers, qu'une multitude de faux frais met tôt ou tard dans une position ruineuse.

Quant à la petite pêche brésilienne, elle comprend, entre autres poissons, une variété de sardines qu'on sale et fait sécher au soleil, mais en des conditions doublement défavorables, faute de sécheries permanentes et de salines indigènes fournissant du bon sel en abondance et au plus bas prix possible.

Écoutons encore l'amiral Dumont d'Urville sur la fécondité des parages qu'il traversa en quittant Rio-Janeiro : « Avec le beau temps, » toutes les espèces de races maritimes reparurent autour de nous : » albatros, pétrels, damiers, se jouaient à la surface des eaux ; tandis

» que des bandes innombrables de scombres agitaient par moment les » eaux avec une telle pétulance, et sur des espaces si étendus, qu'on » eût dit de véritables brisants. Nous vîmes aussi quelques baleines » plus paisibles, et ne révélant leur présence que par des jets d'eau » solitaires accompagnés d'un bruit sourd et monotone * »

M. l'amiral Dupetit Thouars déclare à son tour avoir aperçu deux cents baleines environ qui voguaient de conserve entre les îles Malouines et la Patagonie **.

La pêche, en un mot, pourrait devenir fabuleusement productive, tant sur la côte orientale de l'Amérique Sud que sur le rivage occidental de l'Afrique. De Madère et de Sétubal jusqu'au détroit de Magellan et au cap de Bonne-Espérance, les côtes des îles et des deux continents sont tellement poissonneuses, qu'on est à se demander encore le motif des préférences données aux pèches de Terre-Neuve, et pourquoi les nations européennes iraient, sous une des plus affreuses températures connues, se disputer des richesses ichthyologiques qu'elles ont sous la main, en des lieux plus propices, et où le sel, matière première des pêches, n'abonde pas moins que le poisson ***.

L'Angleterre seule, par les colonies qu'elle y conserve encore, a un intérêt local et prépondérant à l'exploitation des pêches de l'Amérique du Nord : elle doit donc les disputer aux Etats-Unis; mais les deux nations rivales, en convoitant les avantages de cette exploitation, n'en prouvent que mieux, par leurs démêlés, combien il nous serait profitable d'étendre nos établissements d'Afrique par des pêcheries inépuisables plus voisines de nos ports, et à elles seules capables de fonder un empire colonial.

Fixant ainsi nos pêcheurs sur le littoral africain, quelles forces maritimes ne puiserions-nous pas, soit dans les pêcheries de corail dont nous avons le monopole jusqu'à Tunis, soit dans l'exploitation de cette baie algérienne qui rappelle le golfe de Naples; et puis dans les salines d'Arzew, dans les stations des Zaffarines, du cap Noun, du banc d'Arguin et du Sénégal! C'est dans cette vaste zone, la plus

* *Voyage au pôle sud et dans l'Océanie*, tome 1, page 47; Paris, 1841.

** *Voyage autour du monde sur la frégate la* Vénus.

*** Dans l'intérêt de ces pêches méridionales il importe de signaler les faits suivants :

Par un décret du ministre espagnol, M. Bravo Murillo, en date du 11 juillet 1852, les ports des îles Canaries ont été déclarés ports francs, ouverts, par conséquent, à tous les échanges, et en particulier à ceux du sel; et par décret royal, rendu à Lisbonne le 5 août 1852, « le commerce du sel de » Sétubal a été rendu libre pour les Portugais et les étrangers, sous la con- » dition que tout bâtiment national ou bien étranger chargeant du sel à Sé- » tubal, en achetera *trente moios* (23,274 litres) aux salines appartenant soit à » l'hôpital des femmes de *Notre-Dame-des-Annonciades*, soit à la sainte maison » de la Miséricorde de cette ville. Lesdits *trente moios* (23,274 litres) seront » payés au prix le plus élevé des sels chargés à bord desdits bâtiments. »

poissonneuse de l'Ancien Monde, que notre activité, s'exerçant en des circonstances économiques sans rivales, triompherait aisément de toute concurrence pour le débouché de nos produits en Europe. Le Maroc, d'ailleurs, serait à moitié perdu pour la navigation, si de pareils établissements ne donnaient à son littoral la valeur qui lui est propre. On sait combien les côtes de cet empire sont inabordables pour les gros bâtiments. Dangereuses pour les navires d'un fort tonnage, elles ne sont commodes et sûres que pour les petits bâtiments de commerce, et semblent faites de préférence pour donner asile aux barques de pêcheurs. Il en est de même des plages sablonneuses du Sahara; et les tribus nomades qui le parcourent s'accoutumeraient vite à notre présence, comme elles se sont déjà familiarisées avec celle des pêcheurs canariens. La pêche devrait donc, sur ces rivages trop longtemps inhospitaliers, être le prélude de la civilisation chrétienne; elle alimenterait le Maroc, à l'ombre de notre pavillon, et quelques années de cette industrie avanceraient plus nos affaires d'Afrique que ne le ferait un demi-siècle de succès militaires.

Nous devrions à cet effet demander, non-seulement la liberté dont jouit l'Espagne de pêcher sur les côtes Marocaines, mais aussi la remise qu'elle a sur le droit d'ancrage, remise qui va de 14 fr. à 20 fr. 80 c., au lieu de 26 fr. à 130 fr. que paient les autres nations. Elle a de plus le privilége de payer 30 pour cent de moins que celles-ci, pour tout ce qu'elle introduit par le port de Sainte-Croix. On lui permet également d'exporter des bois de construction par les ports de Tanger et de Tétouan. Enfin, sa monnaie est préférée, de même que les nolis de ses bâtiments, surtout en temps de paix, et la langue espagnole est la plus répandue dans le Maroc. On conçoit, dès lors, quels avantages les pêcheurs baléares ou canariens, naturalisés français ou naviguant sous notre pavillon, donneraient à nos entreprises de pêche, surtout lorsque nous aurions diplomatiquement obtenu les priviléges particuliers à l'Espagne et qui nous appartiennent au même titre, depuis que nous sommes débarqués sur le continent africain.

Il ne faudrait pas oublier non plus les excellents matelots que peut nous fournir la race noire du Sénégal. Intrépides et infatigables nageurs, ils manœuvent les barques avec une audace qui nous surprend. La marine militaire les emploie aux besoins journaliers et intérieurs de cette colonie; mais rien n'empêche de les utiliser également aux entreprises du dehors, et le gouvernement pourrait fort bien les employer à fonder des stations maritimes, où recevant une éducation appropriée à leur goût, ils s'adonneraient, avec nos matelots, à la marine marchande et à la pêche. En un mot, sous le rapport du commerce comme dans l'intérêt de notre navigation, il importe de donner à la pêche africaine tous les développements, dont elle est susceptible, et qui, sans nous faire négliger les expéditions de Terre-

Neuve, d'Islande ou des régions pôlaires, nous livreront une nouvelle et précieuse part dans l'exploitation des mers.

Hâtons-nous; car nos anciennes pêches, après avoir reçu des encouragements dont on ne saurait trop reconnaître le but patriotique *, prennent un essor qui signalera une ère nouvelle dans leur histoire. Grâce à de plus fortes primes, ces entreprises, deviennent, désormais, le meilleur placement de fonds offert aux capitalistes; et bientôt, avec le progrès d'une instruction positive, il ne sera sans doute plus besoin d'être né au bord de l'Océan pour comprendre, avec les avantages de l'économie maritime, les trop justes bénéfices assurés à nos armateurs. Arrière enfin les idées exclusivement continentales! Elles ont fait leur temps, et le moment est venu de déployer notre pavillon à tous les vents du globe, comme le travail national sur toutes les mers. Nos grandes, moyennes et petites pêches occupent déjà chez nous 30,000 marins, dont l'industrie dote chaque année la France de 120,000,000 francs. Les seules pêches de la morue emploient 400 navires, montés par 12,000 hommes, jaugeant

* Voici les principales dispositions de la dernière loi relative aux grandes pêches, en date du 22 juillet 1851 :

PÊCHE DE LA MORUE.

« A partir du 1er janvier 1852 jusqu'au 30 juin 1861, les primes accordées » pour l'encouragement de la pêche de la morue seront fixées ainsi qu'il suit :

Primes d'armement.

» 1° CINQUANTE FRANCS par homme d'équipage pour la pêche avec sécherie, » soit à la côte de Terre-Neuve, soit à Saint-Pierre et Miquelon, soit sur le » grand banc de Terre-Neuve ;

» 2° CINQUANTE FRANCS par homme d'équipage, pour la pêche, sans sécherie, » dans les mers d'Islande;

» 3° TRENTE FRANCS par homme d'équipage, pour la pêche, sans sécherie, » sur le grand banc de Terre-Neuve ;

» 4° QUINZE FRANCS par homme d'équipage, pour la pêche au Dogger-Bank.

Primes sur les produits de la pêche.

» 4° VINGT FRANCS par quintal métrique, pour les morues sèches de pêche » française expédiées soit directement des lieux de pêche, soit des entrepôts de » France, à destination des colonies françaises de l'Amérique, de l'Inde, ainsi » qu'aux établissements français de la côte occidentale d'Afrique et des autres » pays transatlantiques, pourvu qu'elles soient importées dans les ports où il » existe un consul français;

Rogues de Morue.

» 5° VINGT FRANCS par quintal métrique de rogues de morue que les navires » pêcheurs rapporteront en France du produit de leur pêche.

PÊCHE DE LA BALEINE ET DU CACHALOT.

» Jusqu'au 30 juin 1861, les primes accordées pour l'encouragement de la » pêche de la baleine et du cachalot seront fixées ainsi qu'il suit :

1° *Primes au départ.*

» SOIXANTE-DIX FRANCS par tonneau de jauge, pour les armements entièrement composés de Français, et QUARANTE-HUIT FRANCS pour les armements » composés en partie d'étrangers, dans les limites déterminées par l'article 11.

2° *Primes au retour.*

» CINQUANTE FRANCS par tonneau de jauge, pour les armements composés » entièrement de Français ».

48,500 tonneaux, et produisant 80,000 quintaux métriques de marchandises ! Chiffres considérables, à coup sûr, mais auxquels il serait honteux de nous arrêter, après l'exemple des Anglais et des Américains, qui n'ont vraiment de supériorité sur nous que par le nombre de leurs matelots et la richesse de leurs pêcheries. Courage donc; et honneur à qui s'efforcera d'agrandir la pêche française, ce champ de pratique et d'expérience où se préparent les éléments de notre marine, première sauvegarde de notre vieille renommée ! C'est aux aînés à donner l'exemple; et si les grandes familles qui ont droit à une part de l'illustration nationale veulent suivre les traditions de leurs aïeux, qu'elles participent donc aussi à ces nouvelles entreprises. *Noblesse oblige !* doit briller de nouveau sur leur blason rajeuni; et la France, avec leur concours, avec l'aide de toutes ses notabilités, redeviendra pour la troisième fois le centre des grands intérêts du monde.

L'Amérique tient, en attendant, sous la main l'inépuisable source des denrées alimentaires. A l'Est et à l'Ouest, et au Sud comme au Nord, elle présente partout des bancs de sardines ou de harengs, et fourmille de morues, de phoques, de baleines ou de cachalots. Ses fleuves n'offrent pas moins de richesses que ses rivages, et l'Orénoque, l'Amazone, la rivière Argentine, comme le Mississipi et le Saint-Laurent, nourrissent d'innombrables espèces destinées par la Providence aux populations de l'intérieur. Les sauvages s'y livrent encore, d'instinct et sans fatigue, à des pêches dont le seul péril est la surabondance ; car, faute d'élément conservateur, ces récoltes dégénèrent immédiatement en foyers de putréfaction. Des plantes enivrantes sont pulvérisées et jetées dans les flots, et d'énormes quantités de poissons remontent aussitôt à la surface, pour venir échouer et pourrir sur la rive[1]. Que de produits sont ainsi perdus, faute d'y employer le sel et les approprier au commerce ! Des établissements fixes, que nous pourrions fonder nous-mêmes sur nos fleuves de la Guyane, ou bien dans nos Antilles, doteraient ces colonies d'une richesse à la portée de tous, et particulièrement des noirs émancipés. Le mulâtre d'ailleurs y est né marin; méprisant le travail de la terre en souvenir de l'ancien esclavage, il s'adjuge instinctivement l'exploitation de la mer; et cette classe de pêcheurs n'attend plus que l'impulsion de la métropole pour contribuer à relever nos possessions coloniales au plus haut degré de prospérité !

En tous cas, les pêches stationnaires ont une telle supériorité sur les entreprises de passage, que l'Amérique l'emportera tôt ou tard sur nous Européens, si nous ne savons y fonder des établissements dura-

[1] Le barbasco (*Jacquinia armillaris*) est une de ces plantes enivrantes, dont M. Ferdinand Denis fait connaître l'usage, dans son excellent livre du *Brésil*, page 18.
Voir aussi le Voyage de M. Castelnau, tome IV, page 443.

bles. Séparée de notre vieux continent par un canal de mille lieues, et sillonnée par les plus beaux fleuves de la terre, elle sera par excellence la terre des pêcheurs, l'école des meilleurs marins. Or, sait-on ce que cela veut dire, et nos rhéteurs comprennent-ils ce vers :

Le trident de Neptune est le sceptre du monde.

Mais voyez donc que d'échancrures, de saillies et d'enfoncements découpées sur le littoral du Nouveau-Monde! que de ports vastes et sûrs et combien de matériaux de construction répandus sur le rivage ou que des fleuves dociles permettent d'aller chercher au cœur des forêts vierges! Voyez encore cette mer intérieure que les grandes et les petites Antilles forment devant le golfe du Mexique et l'isthme de Panama! Ne dirait-on pas notre Méditerranée ouverte à une autre civilisation? Eh bien, nous occupons là deux îles merveilleusement favorisées de la nature, capables de nous faire un jour participer au commerce gigantesque de l'Océan Pacifique et du haut Orient! C'est là que des établissements fixes, salines et pêcheries, devraient aussi préluder à notre restauration maritime, et créer une population de marchands et de matelots, avant-poste de nos influences commerciales. En face, des chemins de fer vont bientôt faire de ce lieu de transit un point central pour les cinq parties du monde. Par ces communications rapides et directes, nos Antilles correspondent déjà avec nos possessions de l'Océanie ; enfin nos armateurs peuvent compter qu'en faisant le tour du globe, ils trouveront partout le pavillon de la France flottant sur des stations d'échange et de ravitaillement.

A la pensée du fil électrique, qui rapproche ainsi les antipodes et prépare l'unité et la solidarité des nations chrétiennes, comment ne fixerions-nous pas les regards sur l'Océan? Il tient le secret de l'avenir, et si jamais la terre était frappée de stérilité, il resterait toujours le père nourricier du genre humain!

Jusqu'ici, d'ailleurs, les destinées du monde ont paru dépendre de celles de l'Europe; mais le moment approche où les grandes migrations de l'Occident compléteront leur émancipation coloniale, en demandant aussi leur part d'influence dans le développement général des relations humaines. Alors, malheur aux nations européennes, dont les vues d'avenir se seront bornées aux limites de leur petit continent! L'heure de leur décadence irrévocable aura sonné; et la jeune Amérique, forte de l'étendue de ses rivages, de l'indomptable énergie de ses colons, de l'audace sans égale de ses matelots, s'interposera entre les deux extrémités de l'Ancien Monde, et, dominant les communications de l'Europe et de la Chine, tiendra la balance du commerce universel.

RAYMOND THOMASSY.

Paris, — Imprimerie de E. Brière, rue Sainte-Anne 55.

www.ingramcontent.com/pod-product-compliance
Ingram Content Group UK Ltd.
Pitfield, Milton Keynes, MK11 3LW, UK
UKHW021037180726
13838UKWH00004B/1850